面向风险防控的流域水环境管理模式研究

——以独流减河流域为例

张　涛　康　磊　张　彦　刘琼琼　等 编著

中国环境出版集团・北京

图书在版编目（CIP）数据

面向风险防控的流域水环境管理模式研究：以独流减河流域为例/张涛等编著．—北京：中国环境出版集团，2021.12

ISBN 978-7-5111-4650-2

Ⅰ．①面…　Ⅱ．①张…　Ⅲ．①流域—水环境—环境管理—天津　Ⅳ．①X143

中国版本图书馆 CIP 数据核字（2021）第 142741 号

出 版 人　武德凯
责任编辑　董蓓蓓
责任校对　任　丽
封面设计　彭　杉

出版发行　中国环境出版集团
（100062　北京市东城区广渠门内大街 16 号）
网　　址：http：//www.cesp.com.cn
电子邮箱：bjgl@cesp.com.cn
联系电话：010-67112765（编辑管理部）
010-67113412（第二分社）
发行热线：010-67125803，010-67113405（传真）

印　　刷　北京中科印刷有限公司
经　　销　各地新华书店
版　　次　2021 年 12 月第 1 版
印　　次　2021 年 12 月第 1 次印刷
开　　本　787×960　1/16
印　　张　9
字　　数　150 千字
定　　价　45.00 元

前　言

独流减河位于海河流域下游，上接白洋淀，是天津市南部生态带的主轴，也是大清河流域的入海通道，具有特殊的生态地位。但是流域内存在一系列突出的水环境问题，如污染来源复杂并呈现新特征、生态脆弱和破碎化严重不能满足高标准生态建设要求、水环境管理薄弱、具有较高环境风险等。

为应对日益严峻的水环境问题、加快进行水环境保护工作，2015 年 4 月 16 日，国务院印发了《水污染防治行动计划》（以下简称“水十条”），这是当前和今后一个时期我国水污染防治工作的行动指南，标志着我国水污染治理进入新阶段。“水十条”提出，到 2020 年，全国水环境质量得到阶段性改善，污染严重水体较大幅度减少；到 2030 年，力争全国水环境质量总体改善，水生态系统功能初步恢复。到本世纪中叶，生态环境质量全面改善，生态系统实现良性循环。“水十条”的发布彰显了国家治理水环境污染的坚定决心。

本书内容主要来自国家“水体污染控制与治理科技重大专项”下设的“河流水环境综合整治技术研究与综合示范主题”——“海河南系独流减河

流域水质改善和生态修复技术集成与示范”项目。第 1 章概述了本书的主要研究内容、关键技术及技术应用成果。第 2 章在对独流减河流域水污染现状、水环境管理调查研究的基础上，提出了海河南系独流减河流域在水环境质量、污染物排放管理等方面存在的问题。第 3 章针对独流减河流域内水环境管理薄弱的问题，构建了基于风险防控的水质目标、生态质量和监控系统技术，并对水环境综合管理技术进行统筹管理。第 4 章根据法律法规、天津市水环境现有标准等文件，提出天津市现阶段水环境管理的工作方案。在此，向参加项目工作的天津“水专项”办公室、天津市水污染防治处、天津市水利科学研究院等相关单位表示衷心的感谢。

本书适合水环境管理人员、生态技术人员、水污染防治工程技术人员、从事水环境保护的科研人员阅读。

由于著者水平有限，书中不足之处在所难免，敬请广大读者批评指正。

作　者

2020 年于天津

目　录

第1章　概　述 1
1.1　项目概述 1
1.1.1　独流减河流域水环境概述 1
1.1.2　研究背景和意义 2
1.1.3　研究进展 3
1.1.4　研究目标 11
1.1.5　研究内容 11
1.2　关键技术突破 11
1.3　技术集成应用成果 12
1.4　技术路线 12

第2章　流域水环境质量与管理调查和问题诊断 14
2.1　河流概述与流域主要功能定位 14
2.1.1　河流概述 14
2.1.2　流域主要功能定位 17
2.2　流域水污染现状调查 18
2.2.1　干流水环境质量调查与分析 18
2.2.2　二级河道水环境质量调查与分析 23
2.2.3　流域水环境质量问题诊断 31
2.3　流域水环境调查 34
2.3.1　水环境污染物排放调查 34

2.3.2 水环境管理技术问题诊断 55

第 3 章 流域主要风险物质及其分布特征调查 57
3.1 独流减河流域沉积物有机风险污染物初步甄别筛查 57
3.1.1 沉积物调查分析方法选择与优化 57
3.1.2 有机风险污染物甄别筛查结果 60
3.2 重点有机风险污染物定量分析与评价 63
3.2.1 工作思路 63
3.2.2 分析方法 63
3.2.3 分析结果 66
3.2.4 生态风险初步评价 71

第 4 章 流域水环境综合管理技术集成与模式构建 76
4.1 水质、水量、水生态三元平衡的水环境综合管理技术 76
4.1.1 独流减河水环境健康评价指标体系建立 76
4.1.2 独流减河水环境健康评价结果分析 80
4.1.3 独流减河水环境和水生态相关关系研究 88
4.2 基于排污许可证的排污口门管控技术 95
4.2.1 流域现状调查及控制单元划分 95
4.2.2 不同控制单元内污染源调查及核算 100
4.2.3 独流减河流域最大日负荷（TMDL）计算 100
4.2.4 独流减河流域水环境污染总量控制 106
4.2.5 基于排污口门管控的排污许可证管理 117
4.2.6 基于排污许可证的入河排污口管理 119
4.3 应急监测和在线监测系统构建 121
4.3.1 采样与分析 122
4.3.2 独流减河流域主要污染监控区域确定 123
4.3.3 动态监控体系研究 131
4.3.4 独流减河流域水质监控与风险防控体系建立 135

第 1 章

概　述

1.1　项目概述

1.1.1　独流减河流域水环境概述

海河水系是我国七大河流水系之一，由海河干流、北三河、永定河、大清河、子牙河、南运河及 300 多条支流组成，是我国华北地区的最大水系。

海河南系主要包括独流减河、大清河、子牙河和漳卫南运河等，其中独流减河位于海河流域下游，上接白洋淀，是天津市南部生态带的主轴，也是大清河流域的入海通道，具有特殊的生态地位，主要包括：①独流减河作为人工开挖的具有防洪分流功能的河道，承接上游子牙河、大清河上游（河北段）的泄洪来水，在天津境内流程短，其水量水质受上游影响较大；②独流减河作为天津市南部生态带的主轴，连接了北大港和团泊洼两个湿地与鸟类自然保护区，且其本身部分河段也属于自然保护区，具有特殊的生态重要性；③独流减河地理上位于海河下游滨海地区且农灌沟渠发达，流域自然地貌上河渠、湿地、洼淀、湖库相连，构成了“沟渠河网纵横，洼淀湿地辉映”的河湿交错的滨海河流系统；④独流减河是海河南系天津段贯穿东西的最大平原型人工河道，河道宽约 1 km，而大部分河段水深一般不大于 1 m，河槽宽浅，河流滞缓。

1.1.2　研究背景和意义

（1）研究背景

海河流域作为“三河三湖”之一，是国家“水体污染控制与治理科技重大专项”下设的“河流水环境综合整治技术研究与综合示范主题”（简称“河流主题”）实施的重点。独流减河位于海河流域下游，具有特殊的生态地位，但是流域内存在污染来源复杂并呈现新特征、生态脆弱和破碎化严重不满足高标准生态建设要求、水环境管理薄弱、存在较高环境风险等复杂水环境问题。

流域水环境管理涉及水质、水量和水生态三个方面，而且往往涉及多个行政区域和部门，需要跨领域、跨部门和跨区域综合管理。流域水环境健康可由水生态指标体系表征，而水生态是水质和水量耦合作用的表征，同时也对水质和水量具有反作用。对独流减河而言，总体水生态状况较差，在水质管理方面缺乏对流域污染源及排污口的系统管控，在水量管理方面缺乏多水源的联合调度与调配，没有建立基于水质、水量和水生态三元耦合的流域水环境动态监控体系，流域水环境管理本质上还是容量、总量、质量相割裂的达标管理，缺乏基于水质、水量、水生态三元平衡的水环境综合管理策略和流域水环境改善总体方案。

（2）研究意义

本书从生态修复和综合管理方面开展研究，集成技术均结合流域水污染治理的重点和难点，不仅可以支撑独流减河流域乃至海河流域水质改善，同时对其他类似地区的水质改善和提升具有较高的参考价值。

在河流生态修复方面，本书从生态基流调补和水动力条件改善入手，开展河滨生态带功能修复技术集成及河滨带生态廊道建设和宽河槽湿地工程示范。面向“十三五”河流生态全面恢复，开展流域下游湿地群健康诊断和风险筛查与控制策略研究，旨在实现河流生态功能恢复、提升河流生态自净能力，最终实现流域生态环境向良性方向发展。在综合管理方面，研究以排污许可证为核心的排污口门管控技术，开发区域水环境综合决策支持系统，建立综合水环境风险监控体系，构建面向风险防控的流域水环境综合管理模式，为流域的水环境综合管理提供新的模式。

综上所述，通过生态恢复改善河流自净能力，通过综合管理实现精细化管理，其核心就是通过技术手段和管理手段达到流域水质改善的目标。

1.1.3　研究进展

（1）河流水环境健康管理研究进展

目前，关于河流健康的含义，学术界尚存有争议。1972年的美国《清洁水法》将河流健康定义为河流物理、化学和生物的完整性，其中完整性是指维持生态系统自然结构和功能的状态，强调了河流生态系统自然属性内容的健康。澳大利亚河流健康委员会认为，河流健康应该与其环境、社会和经济特征相适应，同时考虑了河流自然生态系统的特征和河流健康的社会价值。

根据河流健康的自然完整状态以及社会经济属性的内涵，在现阶段国内外学者对流域水环境健康评估的研究成果的基础上，将河流水环境健康评估归纳为河流水生态健康评估、河流水环境健康风险评估、河流功能健康评估、河流健康综合评估。

1）河流水生态健康评估

河流水生态健康评估以水生生物完整性评估为核心，通过对水生生物多样性的评估判断河流生态系统的损害程度。研究多采用生物指示法表征河流水生态健康状态，一般包括生物硅藻指数（BDI）、营养指数（DI）、生物指数（BI）等单因子评价法，以及鱼类生物完整性指数（F-IBI）、大型底栖动物指数（B-IBI）、藻类完整性指数（P-IBI）等多参数评价法。

2）河流水环境健康风险评估

河流水环境健康风险评估以直接接触水体时水中化学物质对人体产生的健康风险为评估对象，将水环境污染与人体健康联系起来，评价水中化学物质对人体可能造成的损害程度。通过对水体污染物进行危害鉴定、暴露评价、剂量-反应关系分析等定量评估水体污染物对人体健康的潜在风险，评估依据美国国家环境保护局（EPA）提出的水质健康风险评价模型，主要包括致癌风险评价模型和非致癌风险评价模型。

3）河流功能健康评估

河流功能健康评估基于河流的服务功能、环境功能、防洪功能、开发利用功能以及生态功能，从人类利用的角度出发，综合评价河流的功能完整性程度。以河流上述 5 个功能为准则层，采用定性与定量分析相结合的层次分析法建立河流健康指标体系，通过专家咨询和打分结合试验判断，按结构图的层次结构关系进行判断比较，构造判断矩阵，计算各指标的权重，对河流的功能完整性状况进行定量评估。

4）河流健康综合评估

河流健康综合评估以河流目前所处的完整性状态为评价总体目标，通过综合评估河流目前的物理、化学与生物完整性，从河流系统完整性的角度出发，分析河流目前受到的人为干扰的程度。基于层次分析法构建河流健康综合评估指标体系，描述河流的物理完整性、化学完整性、生物完整性状态，对河流健康状况进行定量评估。其中，物理完整性的评估通常采用人为判读和打分方式进行，直接对河流的物理生境和水文生境进行评估。化学完整性与生物完整性则需要利用压力-响应模型进行分析和评估。

5）水环境健康评估与水质目标管理

水质目标管理即以水质目标为基础的管理技术模式，强调以水生态系统健康为水环境质量目标要求，其根本目的是保护生态系统健康和人体健康。在坚持水生态保护优先、“分区、分类、分级、分期”管理、综合统筹和承载力原则的前提下，以生态保护确定管理目标为导向，建立质量管理、风险管理和总量控制三位一体的管理模式。

基于水质目标管理的水环境健康评估即在确定研究区水生态功能区划的基础上，以不同水生态功能区水质目标状态为评价参考标准进行水环境健康评估，对河流水环境健康状态进行定量描述。而现行的河流健康评估在水环境质量控制、污染总量控制理论指导下，多以《地表水环境质量标准》（GB 3838—2002）为评估依据，以原始状态或干扰极小的状态作为评价标准参考状态，对区域水环境质量、水生态系统健康状态展开评估。

本书旨在在水质目标管理理论的指导下，以国内外现行的水环境健康评估方法体系为基础，结合独流减河滨海、非均衡补水以及人工开挖河道等自身特点，从水质、水量、水生态三个方面利用层次分析法建立三元耦合的流域水环境健康评价指标体系，开展独流减河水环境健康风险评估（图 1-1）。

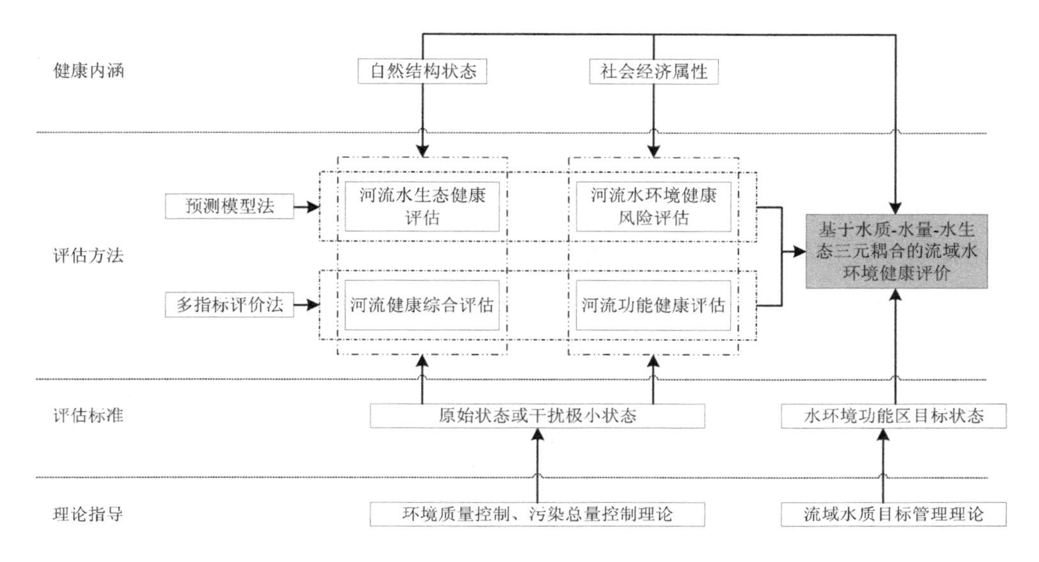

图 1-1 水环境健康评估方法分析

（2）排污口门管控技术研究进展

在过去几十年里，许多发达国家也针对本国水污染状况相继开展了水质管理技术的研究，如欧盟莱茵河总量控制管理，日本东京湾、伊势湾及濑户内海等流域的总量控制计划，以及美国最大日负荷总量（Total Maximum Daily Loads，TMDL）计划等。其中，以美国 TMDL 计划最具代表性，该计划经过多年改进和发展，逐步形成了一套完整、系统的总量控制策略和技术方法体系，成为美国确保地表水达到水质标准的关键手段。

1）美国水质管理技术

①污染物排放总量控制。

美国于 1983 年 12 月正式立法，实施基于水质目标的污染物排放总量控制。为了在满足水体环境标准的情况下充分利用其自净能力，美国采用了季节总量控制的方法，它是为适应不同季节、不同用途对水质的标准要求，根据水量、水温等因素的季节性差异，允许排污量在一年内的不同季节有所变化。同时，美国有些州还实行一种“变量总量控制”，它以河流实测的同化能力来变更允许排污量，从而能更充分地利用水体自净能力。为更有效地分配已经确定的污染负荷总量，美国有些州还推行在污染源之间的排污权交易制度。经过数十年的发展，美国的水污染总量控制制度逐渐成熟和完善，在水环境污染控制方面取得了明显成效。

②美国 TMDL 计划。

目前，美国总量控制方法应用最为广泛的是对受损水体制订 TMDL 计划。美国国家环境保护局最早于 1972 年提出 TMDL。美国许多州已对受损水体制订了 TMDL 计划，并不断地努力改善计划，从而进一步提高国家的水体质量。根据美国 1985 年修订的《清洁水法》的要求，如果各州的不达标水体在基于技术和水质的控制措施条件下，仍未能达到相应的水质标准，美国国家环境保护局就会要求州政府对这类水体制订并实施 TMDL 计划。为了促进美国境内水体尽快全面达到水质标准，美国国家环境保护局于 1997 年制定了 TMDL 计划实施的技术指南，其中对当前完善 TMDL 计划所遇到的问题进行了分析。到目前为止，美国许多州已对各自行政区域内的水质受限水体实施了 TMDL 计划；仅在 2005 年和 2006 年，被批准或实施的 TMDL 计划每年就超过 4 000 个；且在 1996—2006 年已达 22 000 多个。

TMDL 是指在达到水质标准的前提下，水体能容纳某种污染物（包括点源和面源）的日最大排放量，同时考虑安全临界值和季节性差异，并采取相应措施以保证水质达标。其目标是识别具体污染控制单元及其土地利用状况，对单元内点源和非点源污染物的排放浓度与总量提出控制措施，从而引导整个流域执行最好的流域管理计划。TMDL 的计划制订步骤见图 1-2，主要包括识别水质目标限制水体是否仍需要实施 TMDL、对水质目标限制水体进行排序、确定 TMDL、通过控制行动执行 TMDL 以及评价控制行动是否满足水质标准。其主要包括 3 个要素：污染负荷核算，非点源部分是采用流域非点源数学模型进行模拟计算获得的；安全余量，考虑到可允许排放负荷的不确定性，要求预留一定比例的负荷作为安全余量；排放分配，将排放负荷分配到各污染源。

美国国家环境保护局在对流域制订 TMDL 计划时提供了许多技术方法，大体分为模型法和非模型法两大类。模型法一般包括流域模型和受纳水体水质模型两类。流域模型一般用于评价流域污染物的现有负荷以及允许负荷，为污染负荷的分配提供信息，美国国家环境保护局列出的流域模型包括 AGNPS、GWLF、HSPF、LSPC、SWAT 及 SWMM。受纳水体水质模型可以单独应用于制订计划，也可以和流域模型联用，其主要包括稳态模型和动力学模型。受纳水体水质模型的复杂程度还取决于空间程度（一维、二维或三维）。非模型法包括历时曲线法、统计法、总量平衡分析等方法。

TMDL 可以看作是一项帮助河流达到规定水质标准的污染物削减计划，计算结果会写入流域范围内的点源排放许可证。

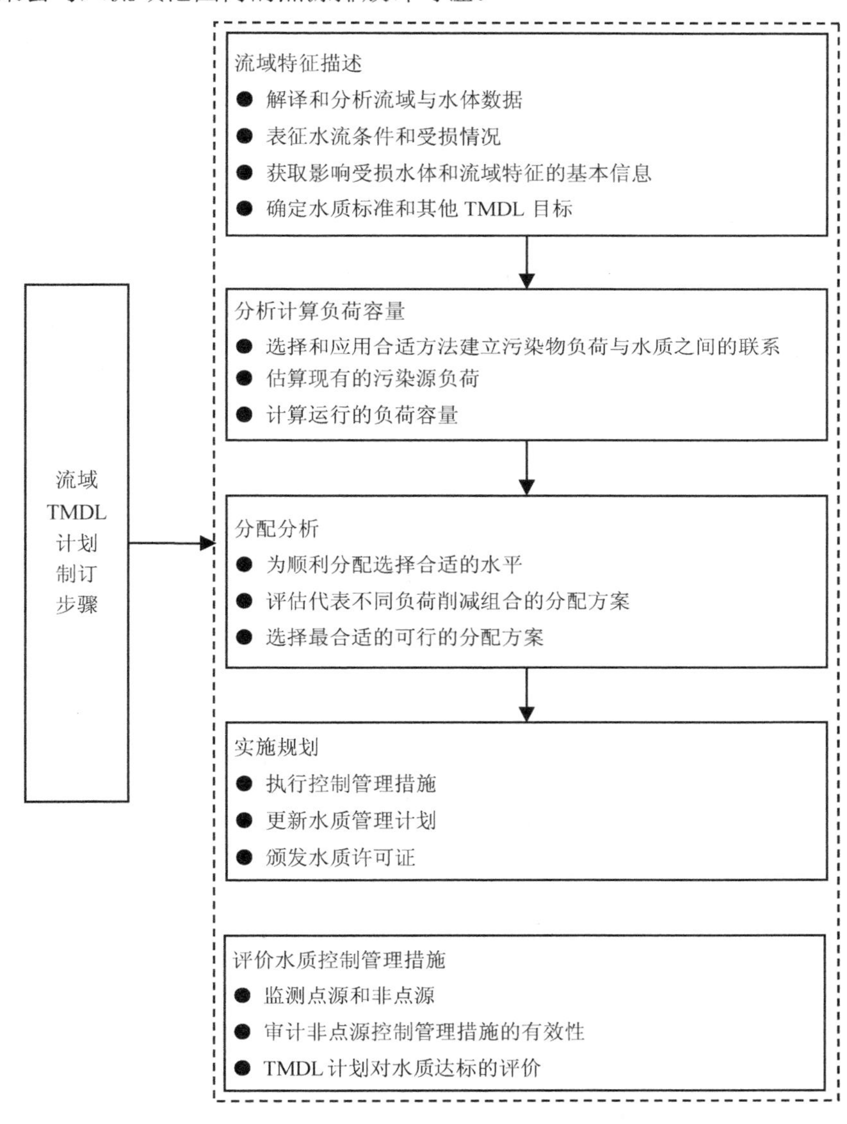

图 1-2 流域 TMDL 计划制订步骤

③排污许可证制度（NPDES）。

美国从 1972 年开始在全国范围内实行水污染排放许可证制度，并使之在技术和方法上不断改进。1972—1976 年实施第一轮许可证制度，主要采用最佳专业判断方法，即在充分收集行业资料、数据的基础上，经过高质量技术分析做出判断。同时，美国也采用以技术为依据的方法，即针对工业行业及其子行业颁发排放限值准则的方法。

美国 NPDES 排污许可证实施的核心是排放标准向许可证排污限制转化。许可证制度包括以技术为基础的排放标准限制和以水质为基础的排放总量限制，基于技术的排放标准限制主要针对工业污染源和市政污染源，基于水质的排放总量限制主要采用 TMDL 体系达到对污染源排放的限制。所有排入美国天然水体的点源，包括市政点源和工业点源必须获得由联邦或州颁发的 NPDES 排污许可证。达到基于技术的排放限值是污染源的最低要求，如果基于技术的排放限值不足以保护水质，那么排放需要达到基于水质的排放限值要求。点源需要遵守的排放限值经过许可证编写人员计算后写入许可证，通过许可证执行和监督。美国排污许可证管理技术体系见图 1-3。

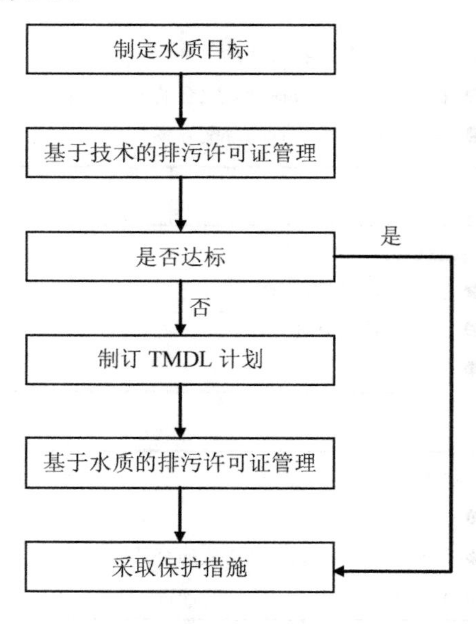

图 1-3　美国排污许可证管理技术体系

排污许可证同时满足多重标准，核心目标是水质改善。目前，美国联邦和各州已经为7万个受损水体制定了最大日负荷总量分配方案。NPDES排污许可证制度具体包括特征污染物监测方案、污染物排放限值、达标判别方法、原始记录及监测报告、环保设施运行监管以及污染源监督检查等各个方面的规定。

2）欧盟水污染控制技术

欧盟的水污染控制技术体系是通过《水框架指令》体现的，该指令于2000年颁布实施，其核心思想是要求欧洲的所有水体在2015年都要达到良好的水生态状况或水生态潜力，要求为此采取和实施一系列的管理与技术措施。该指令在其水污染防治相关条款中，针对地表水体的污染特点，明确了点面源联合治理的方法，并且要求成员国最迟于2012年按照最佳可行技术、相关排放限值、最佳环境实践等综合方式控制进入地表水体的污染物，执行新颁布的污染物排放控制标准，同时欧洲议会和理事会要采取措施，防止某种、某类污染物对水体的污染或危害，避免其对饮用水的威胁；并且要不断削减这些污染物，逐步停止或淘汰优先控制危险物质的排放。因此，欧盟水污染控制技术体系的实质是一种基于最佳技术的总量控制方法。

3）我国水环境管理的主要技术

我国的水环境污染总量控制研究始于20世纪70年代末，以制订第一松花江污染总量控制标准为先导，进行了最早的探索和实践。我国对水环境总量控制的研究应用大致经历了以下几个阶段。“六五”期间是探索阶段。以沱江为对象，进行了水环境容量、污染负荷总量分配的研究和水环境承载力的定量评价，重点进行水环境容量概念及污染物自净规律的研究。“七五”期间是初步实践阶段。陆续在长江、黄河、淮河的一些河段和白洋淀、胶州湾、泉州湾等水域，以总量控制规划为基础，进行了水环境功能区划和排污许可证发放的研究。“八五”期间是进一步深化阶段。原国家环境保护局组织修订《中华人民共和国水污染防治法》，完成年限制排放标准体系规划工作，尤其是《淮河流域水污染防治规划及“九五”计划》的编制，表明我国的水质规划与总量控制研究工作已经进入政府领导下的有效实施阶段。“九五”“十五”期间是全面深化阶段。实施污染物排放总量控制被列为实现环境保护目标的重大举措。

多年来，我国相继开展了有关水环境容量、水功能区划、水质数学模型、流域水污染防治综合规划以及排污许可证管理制度等的研究，将总量控制技术与水污染防治规划相结合，逐步形成了以污染物目标总量控制为主、容量总量控制和行业总量控制为辅的水质管理技术体系，为我国水环境管理基本制度的建立奠定了基础。

目标总量控制是将允许排放污染物总量控制在管理目标所规定的污染负荷削减范围内，“总量”是指污染源排放的污染物不超过人为规定的管理上能达到的允许限额。目标总量控制以排放限制为控制基点，从污染源可控性研究入手，进行总量控制负荷分配，制定排污口总量控制负荷指标，是我国目前主要的污染物控制方式。

容量总量控制是将允许排放的污染物总量控制在受纳水体给定功能所确定的水质标准范围内，“总量”是指受纳水体中的污染物不超过水质标准所允许的排放限额。目前，我国在许多重要流域开展了水环境容量总量控制研究，如长江流域、黄河流域、珠江流域、太湖流域、松花江流域、辽河流域等。容量总量控制将污染物总量与水体质量关联起来，已成为水质管理的重要手段。但其在水环境容量估算、污染负荷分配等方面仍存在较大的不确定性，成为该模式推广应用的重要限制因素。

行业总量控制是从工艺着手，通过控制生产过程中的资源和能源的投入以及控制污染源的产生，使其排放的污染物总量限制在管理目标所规定的限额之内，“总量”基于资源、能源的利用水平以及“少废”“无废”工艺的发展水平。其特点是将污染控制与生产工艺的改革及资源、能源的利用紧密联系在一起。

近年来，美国 TMDL 计划在我国得到了广泛的研究和应用，部分水体开始将 TMDL 的原理应用于水体的管理并取得了不错的效果。与我国目前的总量控制制度相比，TMDL 计划具有以下主要特点：

①TMDL 综合考虑了点源和非点源污染，在点源与非点源及污染个体之间进行污染负荷分配，并设置了安全临界，从而确保目标水体水质的改善。

②TMDL 的制订充分考虑了目标水体水动力、水质、生物等条件的时间变化或季节变化，结合水体功能计算最大允许污染负荷，既有利于水质目标的实现，又能充分利用水体的自净能力，具有更强的科学性和技术性。

③TMDL 通过对水体污染现状的评价和排序，确定出优先权，对污染严重的水体优先实行计划，重点治理。

④针对目标水体的特点，确定主要的污染物作为控制指标，不局限于常规的总量控制指标，使水污染防治工作更具有针对性和合理性，更能适应目标水体水质改善和保护的需要。

1.1.4 研究目标

本书设定的流域水质改善目标为：独流减河流域入海断面工农兵防潮闸断面主要水质指标较 2014 年年均值改善大于 15%，COD 和氨氮指标达到地表水Ⅴ类标准，溶解氧指标达到地表水Ⅲ类标准，即 COD_{Mn}≤15 mg/L、NH_3-N≤2 mg/L、DO≥5 mg/L。达到这一目标，就意味着流域耗氧性污染物得到了有效控制，黑臭水体得以消除，基本具备生态修复的条件。由于独流减河承接着海河南系的入海排污，独流减河入海断面的水质改善也是海河南系河流水质改善的表征和体现。

1.1.5 研究内容

本书针对独流减河水质差、污染来源复杂、污染源管控薄弱，且缺乏基于水量、水质、水生态的区域水环境综合决策管理体系等问题，亟须在综合分析流域各类型风险源的风险特征及空间分布的基础上，建立面向风险控制的区域水环境综合管理技术体系，为流域宏观环境管理决策提供有效的技术支撑。

1.2 关键技术突破

本书针对独流减河流域内水环境管理薄弱的问题，进行了区域尺度污染源管理技术集成，开展区域内污染源负荷核算，通过区域农业农村污染源治理技术评估和推广，实现区域内污水不外排、工业源达到排放标准的提标改造。针对生态空间质量的管理是在生态廊道构建的基础上划定生态红线保护区域，对不同保护区域进行分级管控。对流域内整体水环境质量，则采用基于风险控制的水质、水量、水生态三元平衡的水环境综合管理技术进行统筹管理，最终实现水环境质量和生态环境质量的同步提升、独流减河下游考核断面主要污染物达标。

1.3　技术集成应用成果

本书旨在完成面向风险管理的水环境综合管理技术体系集成与模式构建，创新流域生态空间质量分类分级管控方法，实现水质、水量、水生态三元统筹管理，提升水环境管理技术水平。

本书针对独流减河流域源杂、水少、质差和生态环境脆弱的问题，从污染源控制、生态修复和流域水环境管理方面，系统集成了区域尺度污染源治理技术体系、滨海河流生态恢复与修复技术体系和面向风险管理的水环境综合管理技术体系，分别从技术层面和管理层面开展了独流减河流域水环境的综合管理。并将技术应用到独流减河流域主要行政区的水环境功能达标方案的编制中，在区域范围内进行了推广和应用，使水环境污染物排放问题得到基本控制。生态恢复方面则形成了以独流减河为主轴、团泊和北大港湿地为重要生态节点的南部生态廊道，并开展了基于鸟类保护和生态截污净化的生态环境质量恢复，实现了生态净化功能和生态环境质量的同步提升，最终效果是实现了独流减河考核断面各水质指标年均值分别达到COD_{Mn}≤15 mg/L、NH_3-N≤2 mg/L、DO≥5 mg/L 的目标，较 2014 年主要水质指标年均值改善大于 15%。

1.4　技术路线

本书针对独流减河流域内水环境管理薄弱的问题，对该流域整体水环境质量，采用基于风险控制的水质、水量、水生态三元平衡的水环境综合管理技术进行统筹管理，最终实现水环境质量和生态环境质量同步提升、独流减河考核断面主要污染物达标（图 1-4）。

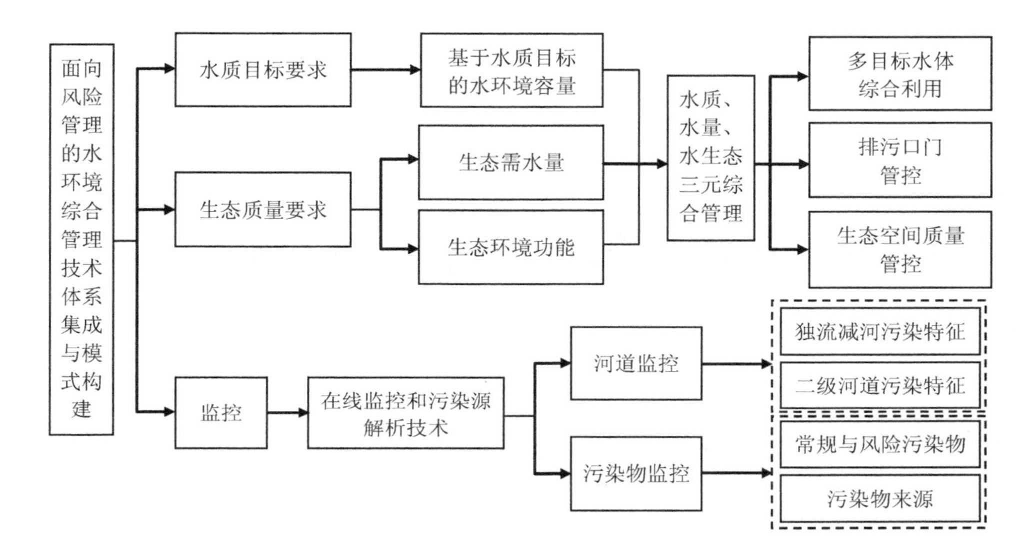

图 1-4　基于风险管理的水环境综合管理技术体系集成与模式构建流程

第 2 章

流域水环境质量与管理调查和问题诊断

2.1 河流概述与流域主要功能定位

2.1.1 河流概述

独流减河属于人工开挖的泄洪河道，也是海河南系下游地区最大的河流，设计流量为 3 200 m^3/s。独流减河起自大清河与子牙河交汇处的进洪闸，流经天津市静海区、西青区、津南区、滨海新区的大港、塘沽等行政区域，最后经工农兵防潮闸入海，承接着海河南系中上游大清河、子牙河两大水系入海泄洪任务。该河道开挖自 1952—1953 年，长度为 43.5 km（至万家码头），后于 1968—1969 年进行了扩建，东延入海，河道全长增到 70 km。独流减河是典型的宽浅型河道，河道最宽处达 1 000 m 左右，其中在万家码头以下北大港段辟有宽 5 km 的河槽，长度达 18.7 km，随着上游水量的减少，该区域形成了独特的河槽型湿地，如图 2-1 所示。

海河南系独流减河流域内沟渠纵横交错，其中一级河道 6 条，包括独流减河、南运河、大清河、子牙河、马厂减河、子牙新河，总长约 291.3 km；二级河道 11 条，包括北排水河、沧浪渠、青静黄排渠、月牙河、八米河、丰产河、外环河、赤龙河、黑龙港河、卫津河、洪泥河，总长约 257.6 km（表 2-1）；大型水库 2 座（北大港水库、团泊洼水库），中小型水库 6 座（钱圈水库、沙井子水库、津南水库、鸭淀水库、官港水库、邓善湾水库），水库水域面积超过 200 km^2（表 2-2）；农用灌溉沟渠密布。

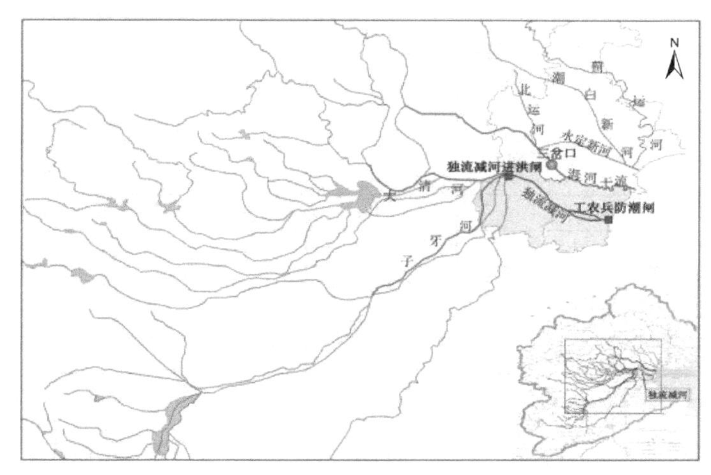

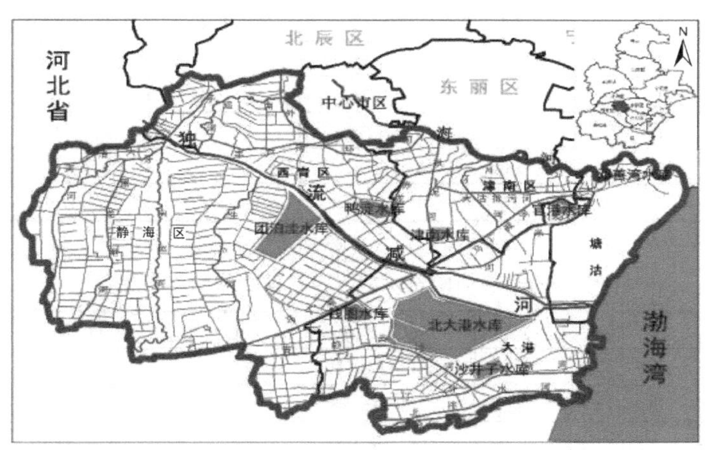

图 2-1　海河南系独流减河流域

表 2-1　海河南系独流减河流域内主要河道基本情况

河道类别	序号	水系单元	长度/km	河宽/m	水环境功能区划要求
一级河道	1	独流减河	70.14	800～1 000	Ⅴ类
	2	南运河	79.2	8～15	日常Ⅴ类，引黄及南水北调期间Ⅲ类
	3	子牙河	68.51	80～100	近期Ⅴ类，远期Ⅳ类
	4	子牙新河	28.00	80～100	Ⅴ类

河道类别	序号	水系单元	长度/km	河宽/m	水环境功能区划要求
一级河道	5	马厂减河	29.24	8～15	日常V类，引黄及南水北调期间III类
	6	大清河	16.17	80～100	日常V类，引黄及南水北调期间III类
	小计		291.3	81～191	—
二级河道	1	北排水河	28.32	30～50	近期V类，远期IV类
	2	沧浪渠	21.92	20～30	近期V类，远期IV类
	3	青静黄排渠	34.52	8～15	近期V类，远期IV类
	4	黑龙港河	33.66	8～10	近期V类，远期IV类
	5	洪泥河	25.10	8～10	日常V类，引黄及南水北调期间III类
	6	外环河	32.92	8～10	近期V类，远期IV类
	7	八米河	28.17	8～10	近期V类，远期IV类
	8	卫津河	10.60	8～10	近期V类，远期IV类
	9	赤龙河	10.25	8～10	近期V类，远期IV类
	10	月牙河	16.05	8～10	近期V类，远期IV类
	11	丰产河	16.06	8～10	近期V类，远期IV类
	小计		257.6	—	—

表 2-2　海河南系天津段内主要水库基本情况

序号	名称	面积/km^2	库容/亿 m^3
1	北大港水库	139.19	5.00
2	团泊洼水库	46.35	1.80
3	鸭淀水库	8.97	0.32
4	钱圈水库	8.19	0.27
5	沙井子水库	7.21	0.20
6	津南水库	5.21	—
7	官港水库	5.19	—
8	邓善湾水库	0.88	—

海河南系天津段内除南部毗邻河北的几条河道外，绝大多数河道均与独流减河相连，因而本书中未严格区分海河南系天津段和海河南系独流减河流域，研究范围涉及静海区、西青区、津南区、滨海新区大港的全部以及塘沽的部分区域，面积共 3 737 km^2，但以独流减河干流及周边区域为重点。

2.1.2　流域主要功能定位

独流减河除具有防洪、灌溉等功能外，上接白洋淀，是天津市空间格局南部生态带的主轴，也是大清河流域的入海通道，具有特殊的生态地位。独流减河干流连接了天津北大港湿地自然保护区和团泊鸟类自然保护区两个滨海湿地生态环境保护区，并且独流减河干流部分河段本身也属于自然保护区。根据《天津市空间发展战略规划》，“北大港—独流减河—团泊洼”构成了天津市南部地区贯穿东西的生态廊道，是规划中“南生态”建设的核心地带。

天津北大港湿地自然保护区位于滨海新区大港东南部，湿地总面积 442.4 km^2，有湖泊、河流、海岸滩涂、沼泽 4 种湿地类型，是天津市最大的湿地自然保护区。团泊鸟类自然保护区位于静海区东部，共 62.7 km^2。这两个自然保护区位于东亚至澳大利亚候鸟迁徙的中转站（图 2-2）。据考察统计，每年迁徙和繁殖的鸟类近 100 万只，其中有国家一级、二级保护鸟类 23 种，有 17 种鸟类达国际“非常重要保护意义”标准。

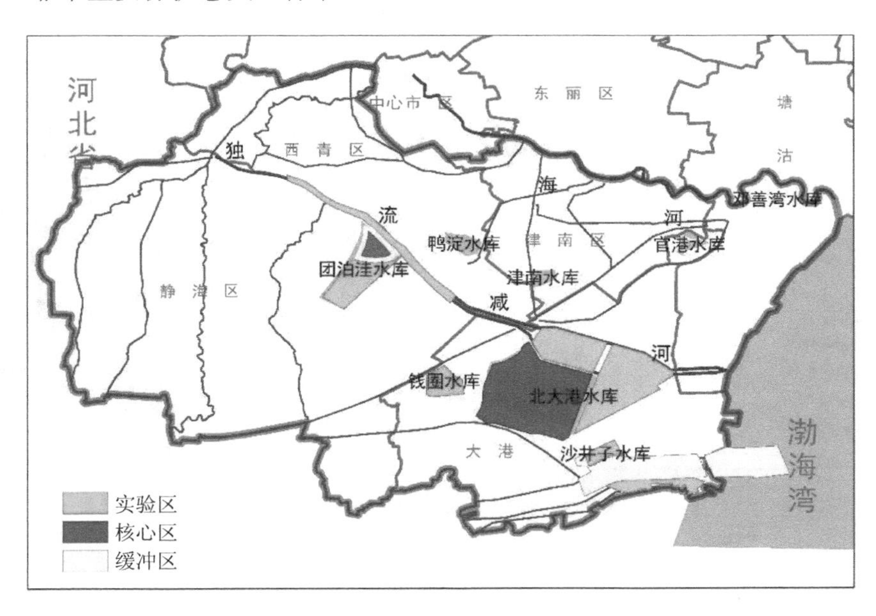

图 2-2　北大港湿地自然保护区和团泊鸟类自然保护区

2.2 流域水污染现状调查

2.2.1 干流水环境质量调查与分析

2.2.1.1 采样断面设置

结合独流减河的河道特征和采样现实性，在干流河道上沿水流路线共布设 10 个监测断面（R1～R10）开展水质监测，如图 2-3 所示。分析指标包括高锰酸盐指数（COD_{Mn}）、总氮（TN）、氨氮（NH_3-N）、总磷（TP）、六价铬（Cr^{6+}）、锌（Zn）、镉（Cd）、铅（Pb）和铜（Cu）共 9 项。

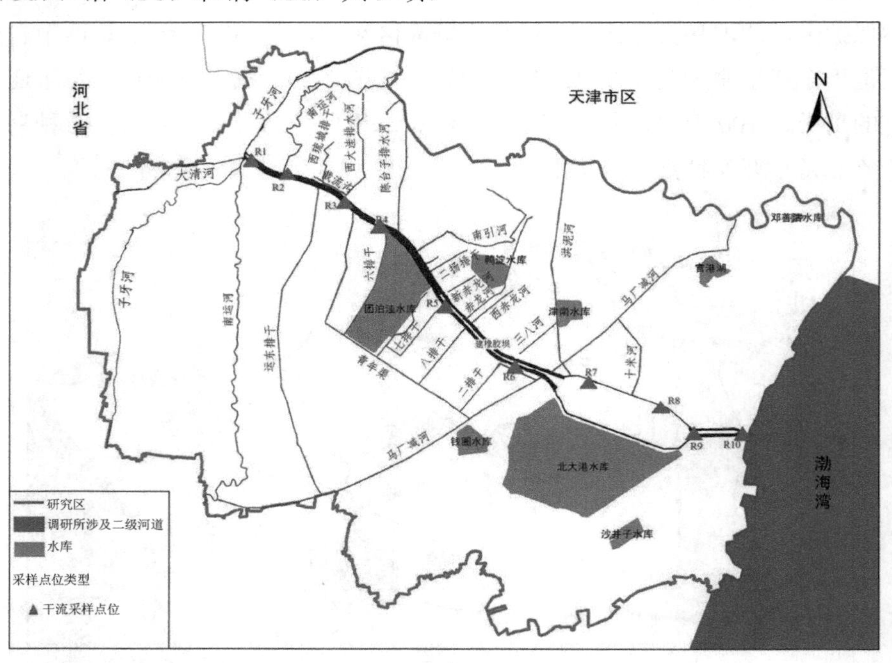

图 2-3　独流减河干流监测断面布设

2.2.1.2 水体污染评价方法

由于不同的污染物具有不同的环境效应，为了使它们能在同一尺度上加以比较，常把它们统一成具有相同环境意义的数值。本书主要采用单项污染指数法、综合污染指数法、污染分担率和污染负荷比 4 种评价方法来确定独流减河的水质类别、主要污染因子和各断面的相对污染程度。

单项污染指数：$$P_{ij} = C_{ij} / C_{i0}$$

综合污染指数：$$P_j = \sum_{i=1}^{n} P_{ij}$$

污染分担率：$$K_j = \frac{P_{ij}}{P_j} \times 100\%$$

污染负荷比：$$F_j = \frac{P_{ij}}{\sum_{j=1}^{m} P_j} \times 100\%$$

式中，P_{ij}——j 断面第 i 项污染物单项污染指数；

C_{ij}——j 断面第 i 项污染物的监测值；

C_{i0}——第 i 项污染物的水质标准值，水质标准值采用《地表水环境质量标准》（GB 3838—2002）中的Ⅴ类标准值；

P_j——j 断面的综合污染指数；

n——参与评价的污染因子数量；

K_j——第 i 种污染指标在 j 断面诸污染指标中的污染分担率；

F_j——j 断面的污染负荷比；

m——参与评价的断面数。

2.2.1.3　水环境质量分析

（1）不同水期分析

根据独流减河水情水期可分为枯水期（1—3 月和 12 月）、平水期（4 月、5 月、10 月和 11 月）、丰水期（6—9 月），不同时期的水质存在较大差异。2017 年独流减河枯水期、平水期和丰水期平均水质状况如图 2-4 所示。以《地表水环境质量标准》（GB 3838—2002）中的Ⅴ类标准限值为基准，枯水期 Cd 的平均值为 0.04 mg/L，为标准值的 4 倍；其次为 TN，平均值为 3.89 mg/L，超标约 1 倍。平水期 Cd 的平均值为 0.05 mg/L，为标准值的 5 倍；TN 平均值为 3.83 mg/L，超标约 1 倍；TP 平均值为 0.46 mg/L，超标 0.14 倍；COD_{Mn} 平均值为 16.54 mg/L，超标 0.10 倍。丰水期 Cd 的平均值为 0.06 mg/L，为标准值的 6 倍；TN 平均值为

4.94 mg/L，超标近 1.50 倍；TP 平均值为 0.71 mg/L，超标 0.77 倍；COD_{Mn} 平均值为 18.53 mg/L，超标 0.24 倍。

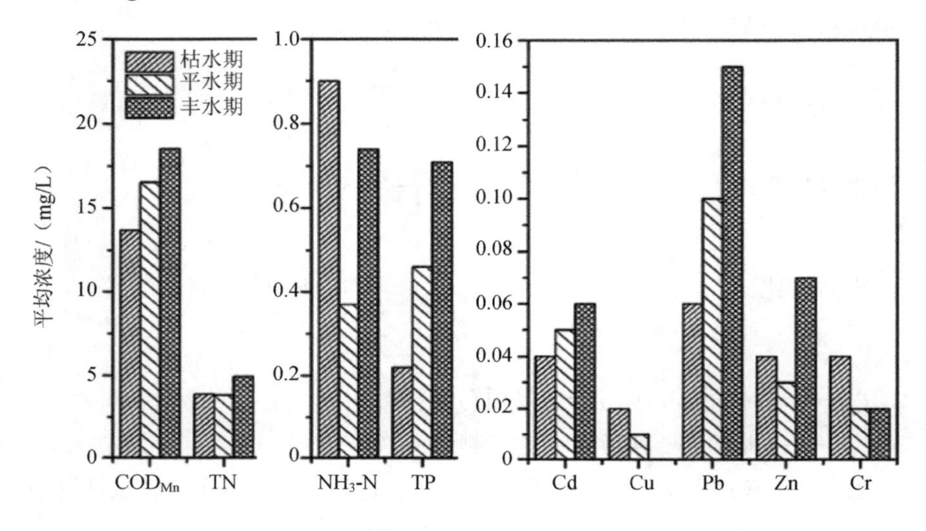

图 2-4　独流减河不同水期水质情况

结果显示，独流减河不同水期水质均为劣Ⅴ类，均未达到水功能区水质目标。整体来看，独流减河丰水期的水质劣于枯水期和平水期。丰水期水质较差的主要原因是丰水期降水量大，入河径流量增大，地表径流携带大量非点源污染物进入河道。此外，植物残体分解也是水质恶化的原因之一。枯水期水质主要反映点源污染情况，而丰水期水质主要反映面源污染的影响。综上，独流减河流域仍然以面源污染占主导地位。

（2）主要污染物质识别及空间特性分析

独流减河干流不同水期各监测断面 9 项指标的污染分担情况详见图 2-5。由图 2-5（a）可知，枯水期 TN 和 Cd 的污染分担率明显较高，这两项指标污染分担率之和占全部污染指标分担率的 64.63%～72.20%。沿河流径流方向，Cd 的污染分担率呈先降低后升高再降低的趋势，且在上游和下游的分担率较高，中游相对较低。TN 的污染分担率呈先上升后下降的趋势，且在中游分担率较高，尤其在 R3 和 R4 断面 TN 的污染分担率分别达到 33.73%和 33.74%，说明这两个断面处营养盐类污染情况相对严重。TN 枯水期污染分担率较高可能是由于温度相对较低，

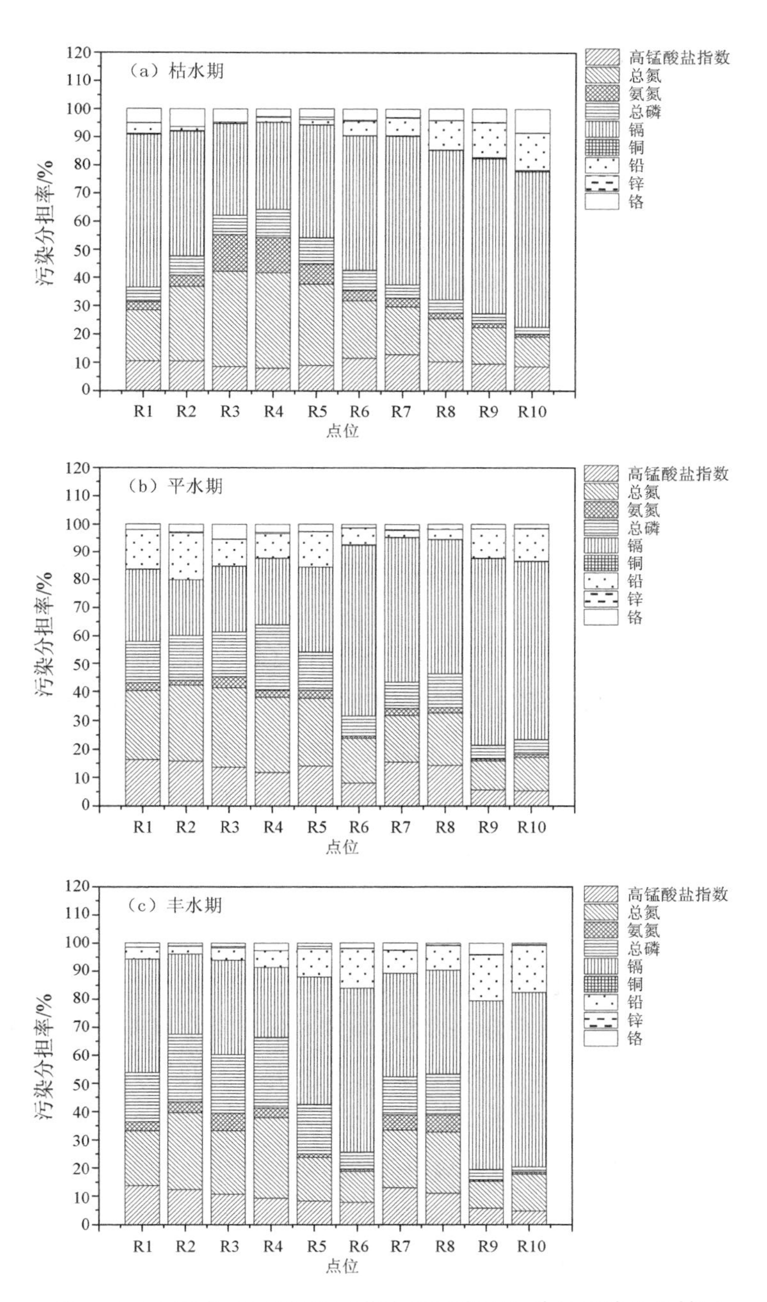

图2-5　独流减河干流不同水期各监测断面污染物污染分担情况

微生物活性降低，造成了氮的积累。综上，枯水期由于降水量小，上游来水减少，河流水位下降，流速减慢，不利于污染物的稀释扩散，水环境容量较丰水期和平水期大大减小；同时，冬季的低温不利于微生物和水生生物的繁殖生长活动，致使水体的稀释净化能力大幅下降。

由图 2-5（b）可知，平水期 TN 和 Cd 的污染分担率相对较高，其次为 COD_{Mn}、TP 和 Pb。独流减河中、上游段，污染分担率从大到小依次为 TN、Cd、TP、COD_{Mn}、Pb；然而从 R6 断面沿程向下游，Cd 的污染分担率大幅上升，远高于其他几项指标，这主要是因为自上游至下游不断有工业、企业排污，重金属难以降解，不断累积，使得河流下游镉污染严重。平水期水质呈现与丰水期类似的污染特征，营养盐类污染物浓度高于枯水期、低于丰水期。虽然平水期河流水量大于枯水期，径流汇入会对河流污染物有一定的稀释作用，但平水期污染物浓度高于枯水期，说明径流带来的污染物对独流减河水质影响较为显著，也说明了独流减河面源污染占主导地位。

由图 2-5（c）可知，在丰水期，各监测断面 Cd、TN 和 TP 的污染分担率较高，其次是 COD_{Mn} 和 Pb，这 5 项指标的污染分担率之和占全部指标污染分担率的 91.94%～98.50%。独流减河中、上游段，TN 和 TP 的污染分担率均比枯水期和平水期高，说明在丰水期随着降水量的增加，地表径流携带了大量营养盐类物质入河。丰水期 TP 含量较高一方面是由农业非点源污染造成的，另一方面与水温有关。研究表明，丰水期水温升高，能加速底泥释放磷。丰水期 TN 污染分担率高于枯水期，主要是由于在丰水期，降水将流域内硝化和反硝化反应产生的水溶性含氮物质和部分来自生活和农业污染的含氮污染物冲入水体中。中、下游段，Cd 的污染分担率远高于枯水期和平水期。独流减河受重金属污染情况严重与天津市传统的工业城市背景相吻合，说明独流减河的污染问题是历史长期积累导致的。

（3）主要污染断面及污染源分析

由独流减河干流不同水期各监测断面的污染负荷比（图 2-6）可知，总体上，独流减河中、上游段 R1 断面处污染最轻，枯水期 R4 断面处污染最重，平水期和丰水期 R6 断面处污染最重，主要由于河流的中、上游人口分布密度较大，土地开垦、利用程度较高，工业企业数量较多，以及各监测断面附近二级河道（如西大洼排水河、六排干、运东排干和陈台子排水河等主要承载附近农村生活污水和规模化畜禽养殖业废水的河道）汇入导致污染情况的波动。中、下游段，R7 断面处水体污染情况相比中游段较轻，主要由于附近有洪泥河汇入，洪泥河流经津南水库，水质相对较好，且 R7 断面处河岸周边植被覆盖率较高，人口密度相对较低。从 R7 断面至入海口，污染负荷比逐渐增加，R10 断面（入海口）污染负荷比最大，这主要是由于水质受到污染物沿程累积、下游石化行业废水排放和海水倒灌的影响较大。

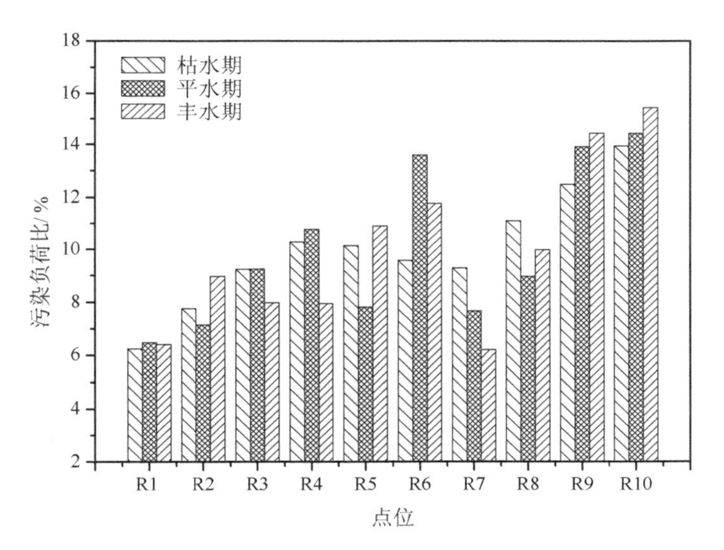

图 2-6 独流减河干流不同水期各监测断面污染负荷比

综上所述，独流减河各监测断面的污染程度无明显季节性差异，R4、R6、R9 和 R10 监测断面附近河段是独流减河应重点治理的区域。

2.2.2 二级河道水环境质量调查与分析

2.2.2.1 水质监测

为更全面掌握独流减河流域水质状况，自 2017 年 1 月起，连续 1 年对独流减河二级河道水质进行调查监测。监测指标共 13 项，主要分为 4 类：①营养物质指标：总氮（TN）、总磷（TP）和氨氮（NH_3-N）；②有机污染物：总有机碳（TOC）、高锰酸盐指数（COD_{Mn}）；③重金属：铁（Fe）、锌（Zn）、铜（Cu）、铅（Pb）、铬（Cr）、镉（Cd）；④现场测试指标：溶解性总固体（TDS）和溶解氧（DO）。上述指标的测定均参照《水和废水监测分析方法》（第四版）。

各项指标检出值区间范围较大，检测结果详见图 2-7。其中，COD_{Mn} 平均浓度为 15.08 mg/L，略超出《地表水环境质量标准》（GB 3838—2002）中的Ⅴ类标准限值；TN 和 TP 的平均浓度分别为 5.19 mg/L 和 0.55 mg/L，分别超标 1.60 倍和 0.38 倍；Cd 平均浓度为 0.03 mg/L，超标 2 倍。综上，独流减河二级河道水质总体为劣Ⅴ类。

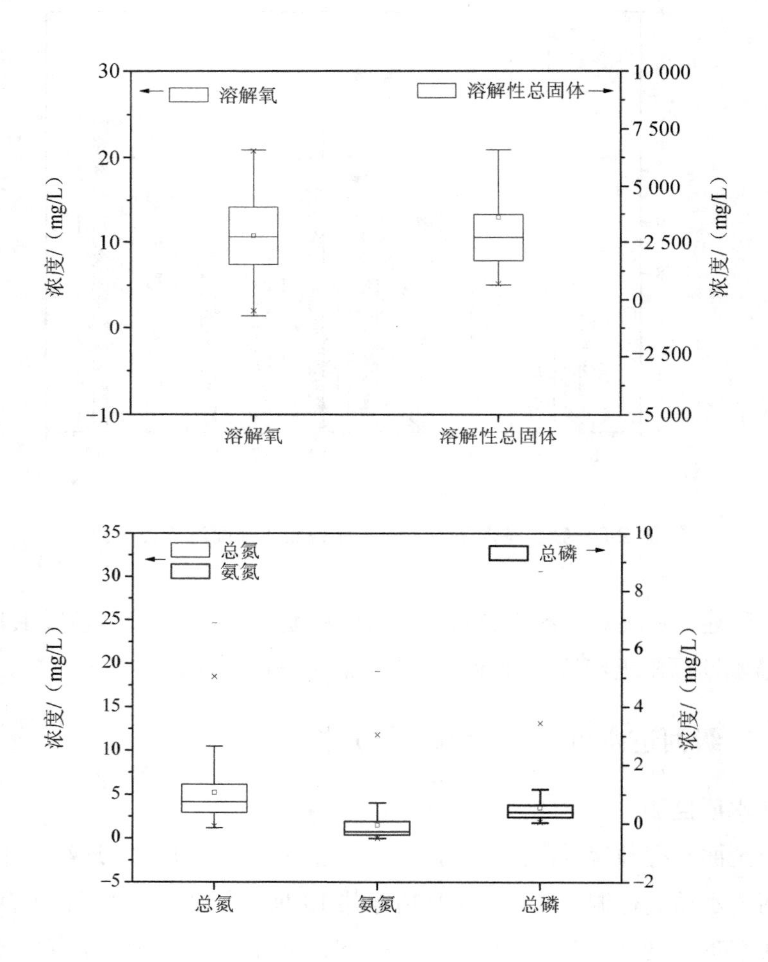

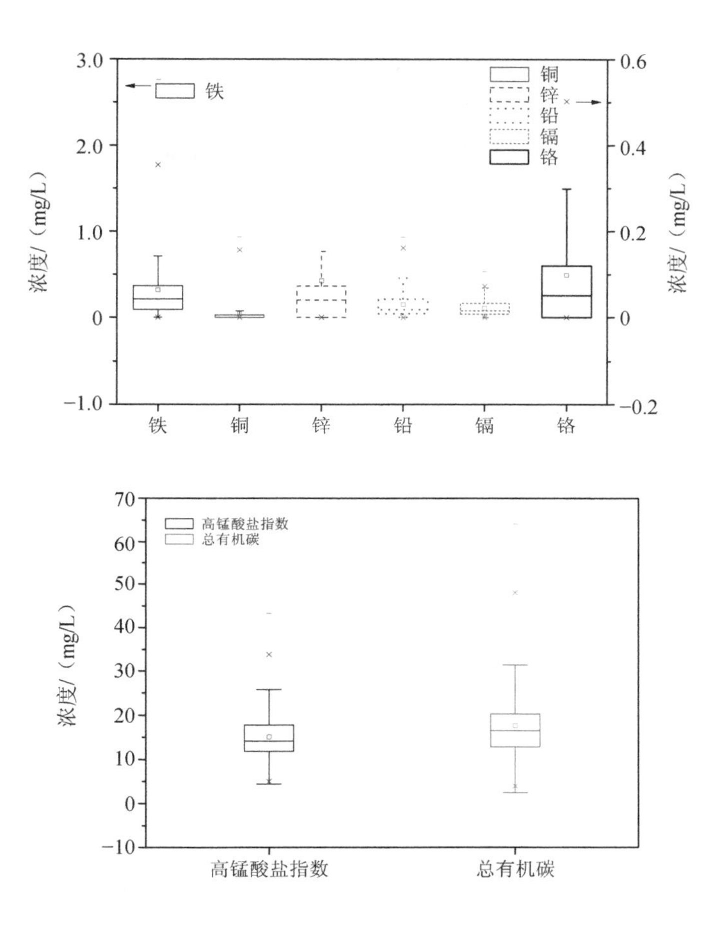

图 2-7　监测指标含量范围与平均值

2.2.2.2　水环境质量分析

（1）时间分布特征分析

通过分析独流减河二级河道各监测指标的月平均浓度动态变化情况，由图 2-8 可看出，各项污染监测指标值在不同时段分布具有明显的变异特征。

独流减河二级河道各点位 DO 的月平均值变化趋势基本平缓，冬季 DO 含量相对较高。DO 含量在 9 月呈现最低值，为 8.06 mg/L，随后逐月增加，最高值出现在 12 月，为 15.65 mg/L。TN 和 NH_3-N 月平均浓度值变化趋势基本一致，最高值均出现在 2 月，分别为 6.85 mg/L 和 2.75 mg/L，最低值均出现在 9 月，分别为

3.08 mg/L 和 0.75 mg/L。COD_{Mn} 和 TOC 的月平均浓度大体呈先增加后减少再增加再减少的趋势，COD_{Mn} 最大月平均浓度出现在 4 月，为 18.54 mg/L；TOC 最大月平均浓度出现在 10 月，为 24.26 mg/L。Cd 月平均浓度波动范围较大，无明显变化规律，其他重金属总体含量均较低。

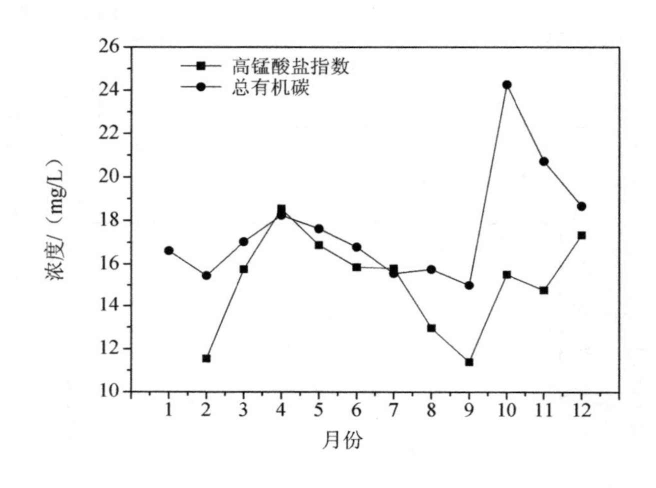

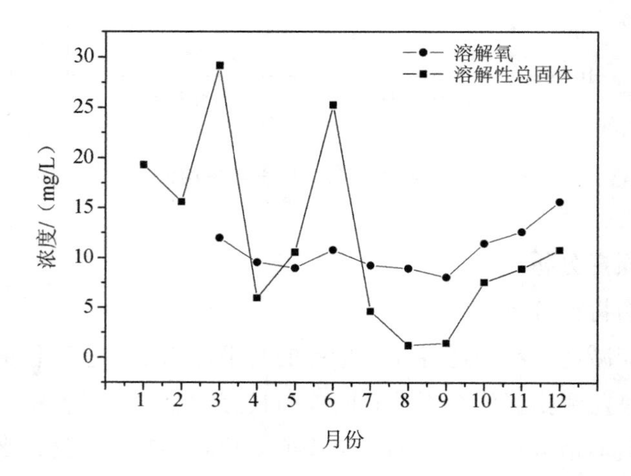

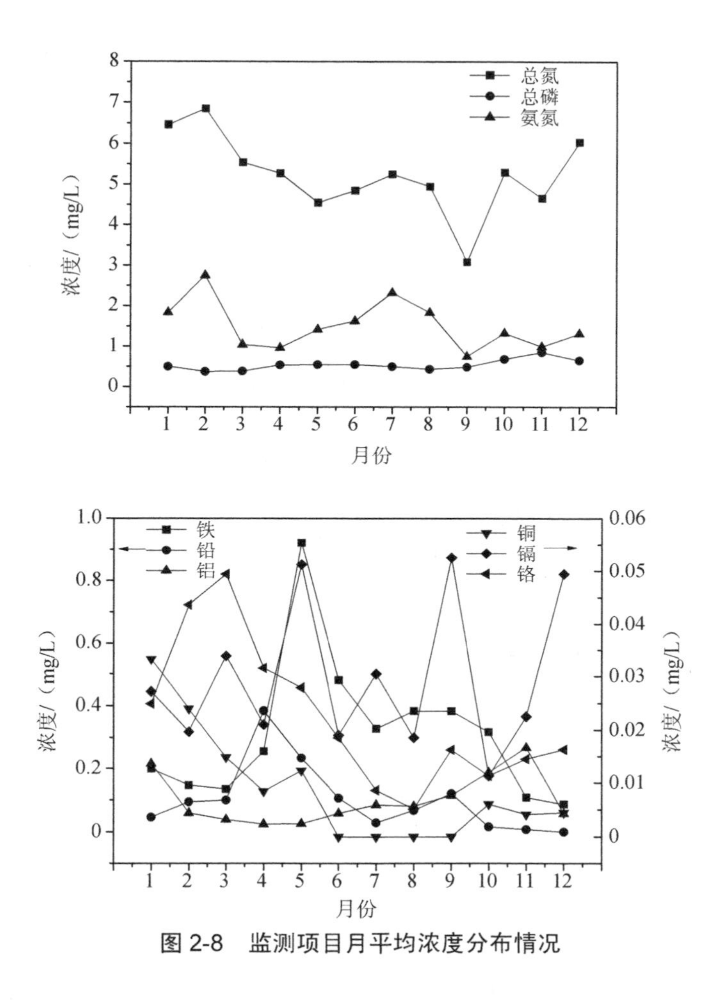

图 2-8 监测项目月平均浓度分布情况

综上，多项指标的平均浓度在 4 月左右呈现出降低趋势，但后期各项指标的浓度均明显增大，说明 4 月左右降水量增加，稀释了河道原有污染物浓度，短期内实现了水质的改善，随着降水量的增多和降水强度的增大，雨水携带城市地表污染物进入河道，加重了水体污染情况。

（2）主要污染物质识别及空间分布特征

独流减河各监测指标的年均浓度空间分布见图 2-9 至图 2-12。DO 对改善水质有重要作用，独流减河二级河道 DO 值整体较低，年均浓度为 10.73 mg/L，8# 点位的 DO 年均浓度相对最低。TDS 是与水体中溶解性物质有关的指标，表征水中全部溶解性物质的总量，包括无机物和有机物两者的含量总和。独流减河二级河道各点位 TDS 年均浓度为 1 207～15 575 mg/L，波动较大，总体上含量很高（图 2-9）。

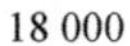

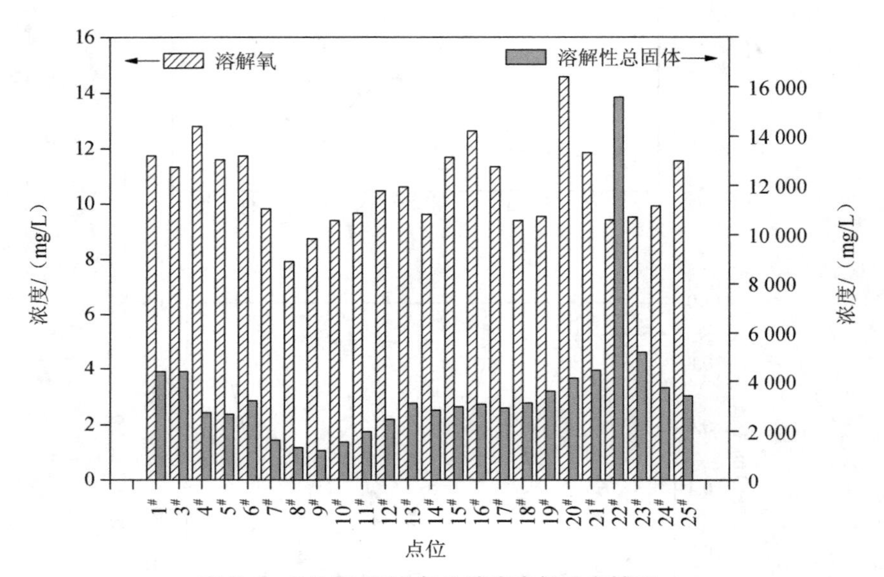

图 2-9　DO 和 TDS 年均浓度空间分布情况

独流减河 TN、NH_3-N 和 TP 含量的空间分布波动较大（图 2-10）。整体上，独流减河二级河道所有点位 TN 的年均浓度均超过地表水Ⅴ类标准，9#点位处 TN 的年均浓度最高；67%的点位 TP 年均浓度超过地表水Ⅴ类标准，25%的点位 NH_3-N 年均浓度超过地表水Ⅴ类标准，23#点位处 TP 的年均浓度较高、NH_3-N 的年均浓度最高，分别为 1.28 mg/L 和 4.68 mg/L，说明该点位处的二级河道汇入水质较差，氮、磷等营养物质含量较高。

独流减河二级河道 COD_{Mn} 和 TOC 含量波动较大（图 2-11）。54%的点位 COD_{Mn} 年均浓度能达到地表水Ⅴ类标准。

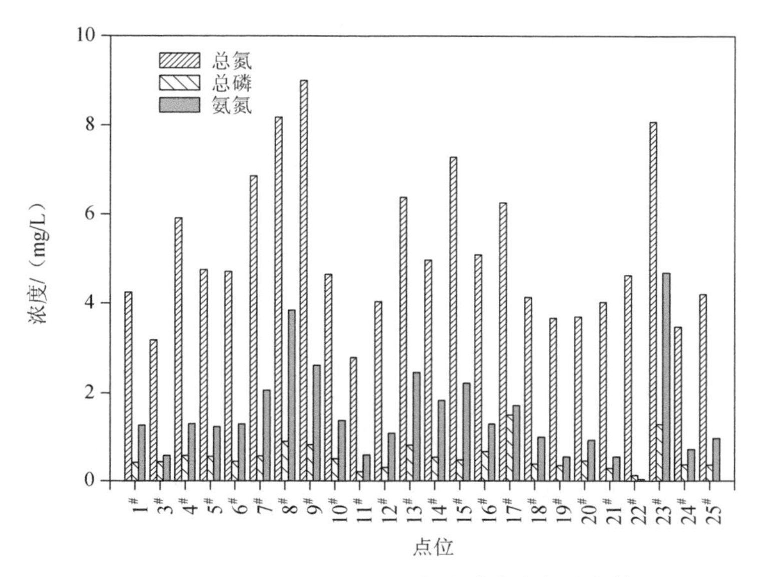

图 2-10　TN、NH_3-N 和 TP 年均浓度空间分布情况

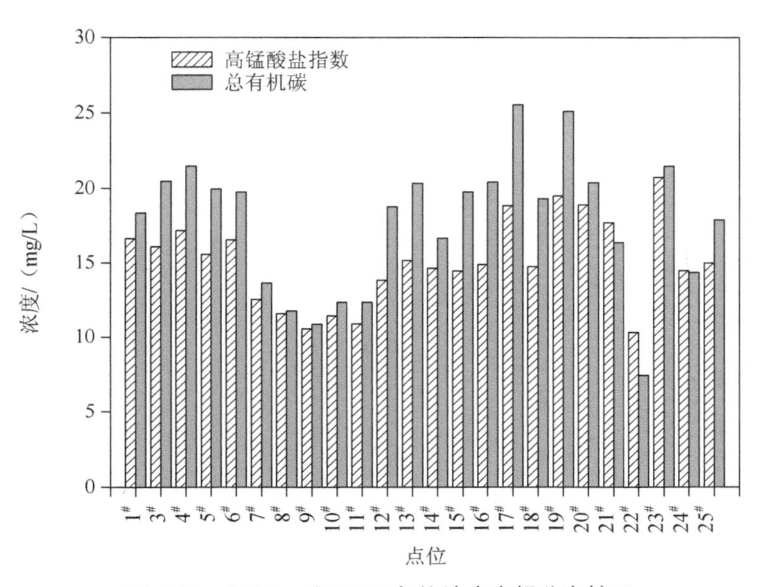

图 2-11　COD_{Mn} 和 TOC 年均浓度空间分布情况

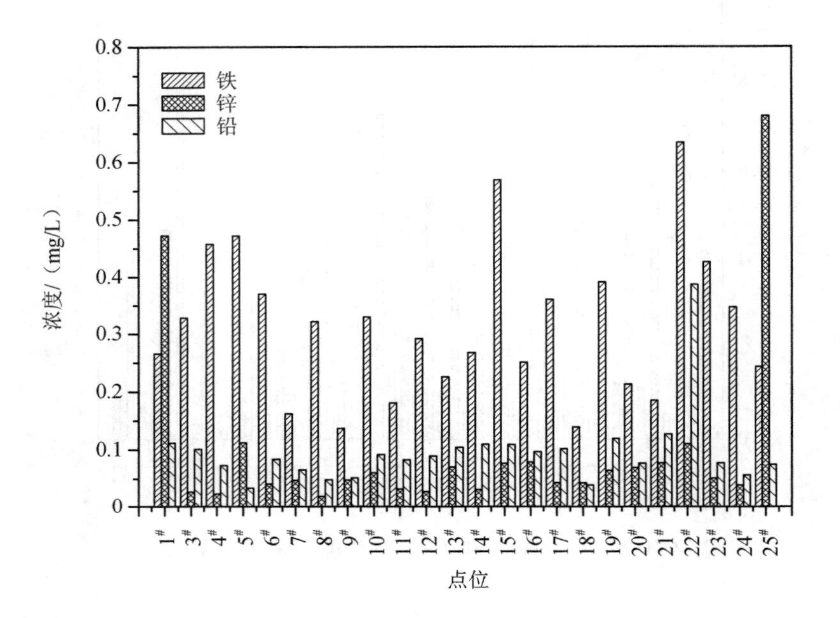

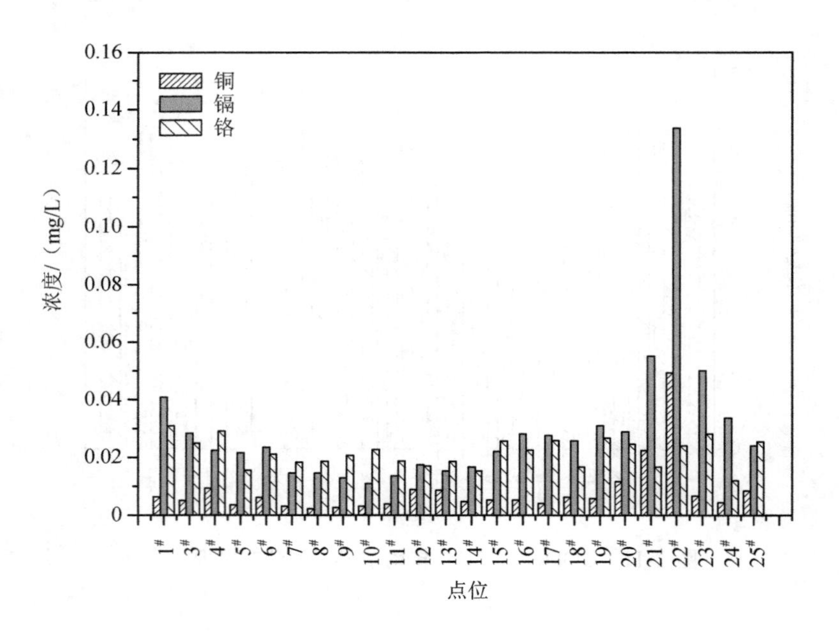

图 2-12　重金属年均浓度空间分布情况

独流减河二级河道Cd污染严重，所有监测点位的Cd年均浓度均超过了地表水Ⅴ类标准，这主要是由背景值较高等历史原因和采样点附近钢铁企业和冶金企业废水的排入导致的，尤其是21#、22#、23#点位处，这些点位均位于独流减河流域下游段，表明自上游至下游不断有工业、企业排污，使该段水体重金属污染严重。50%的点位Pb年均浓度超过了地表水Ⅴ类标准，所有点位Zn、Cu、Fe和Cr的年均浓度均小于地表水Ⅴ类标准限值（图2-12）。

2.2.3　流域水环境质量问题诊断

2.2.3.1　干流水环境质量问题总结

①独流减河干流水质总体处于劣Ⅴ类水平，丰水期水质劣于枯水期和平水期，水体呈重度污染，难以稳定达到水环境功能区划要求，且面源污染占主导地位。

②按照水质指标的污染分担率由大到小排序，枯水期关键污染因子为Cd和TN；平水期关键污染因子为Cd、TN、TP和COD_{Mn}；丰水期关键污染因子为Cd、TN和TP。这表明，各水期的主要污染物不完全相同，但重金属污染相对较为严重。因此，独流减河的优先控制污染物首先是重金属，其次是营养盐类等。

③从污染物的整体分布来看，独流减河R4和R6断面附近河段营养盐类浓度较高，主要是因为城镇生活污水、规模化畜禽养殖废水、农田退水及污水处理厂尾水排放量较大。R9和R10（入海口）断面的重金属含量最高，主要是受到下游冶金行业和石化行业废水排放以及重金属难降解、沿程不断累积的影响。

2.2.3.2　二级河道水环境质量问题总结

①独流减河二级河道水质总体处于劣Ⅴ类水平，水体呈重度污染，难以稳定达到水环境功能区划要求。

②多项指标的平均浓度在4月左右有明显波动，说明降雨短期内实现了水质的改善，随着降水量的增多和降水强度的增大，雨水携带城市地表污染物进入河道，加重了水体污染程度。

③位于独流减河下游段的二级河道重金属污染严重，表明自上游至下游不断有工业、企业排污进入，导致该河段重金属污染严重。

2.2.3.3 水环境质量问题诊断

（1）农村地区污染控制措施缺失，常规和特征污染物共存

流域内环境基础设施建设明显落后，难以适应当前经济发展与水环境保护的需要。静海区仅有城区部分地区和团泊新城东区的生活污水实现了集中收集并正常处理，城镇生活污水收集处理率为30%左右；全区乡镇目前尚未系统开展生活污水的收集处理。西青区生活污水收集率高于静海区，但仍有部分街镇污水未得到有效治理；目前尚有部分建成区排水管网雨污合流现状未得到彻底改变，影响末端处理设施的稳定运行；仍有部分分散村庄污水随意排放，未纳入城镇排水系统；现有污水处理厂存在不同比例工业废水混入的情况，且随着天津市《城镇污水处理厂水污染物排放标准》（DB 12/599—2015）的实施，污染物限值收严，现有处理工艺相对简单，无法满足出水稳定达标的需求。

独流减河中上游流域畜禽养殖场（户）数量多、规模小、分布分散。目前，规模化畜禽养殖场粪污处理率低，污染物处理设施严重缺乏，大量污水不经处理直接排放，粪便路边堆放，污染物随地表径流进入河道，严重污染水体。目前，规模化畜禽养殖污染防治工作整体进度偏缓。畜禽养殖场区拆治计划仍存在不确定因素，影响实施进度。区域内畜禽养殖发展及污染防治规划等相关政策存在缺失。此外，独流减河中上游农村地区畜禽养殖业污染防治缺失，畜禽养殖过程中产生抗生素等潜在风险较为突出。

（2）工业废水排放量大，且存在潜在的生态风险

流域内工业污染源呈现典型的空间分布特征，主要为中上游地区冶金行业废水和下游地区石化行业废水。钢铁废水是独流减河流域重要的工业污染源之一。独流减河流域分布有大量的钢铁企业，其中钢铁企业数量最多的是钢铁重镇静海区大邱庄镇。大邱庄镇共有2 600多家工贸企业，年钢铁加工能力达到3 000万t，是我国北方最大的钢材加工基地，生产产品包括石油套管、燃气管道、矩形钢材等。目前我国唯一一家千万吨级焊接钢管制造企业——天津友发钢管集团有限公司就位于大邱庄镇。钢铁企业是用水大户，废水产量大、危害程度高。钢铁废水具有酸性强、氨氮含量高、铁等金属离子含量高、水质波动较大的特点。由于独流减河流域大部分属于农村地区，早期工业废水排放缺乏管理，工业废水存在偷排、乱排的问题，有些小型、分散的钢铁生产或加工企业将废水非法排入农村无

主坑塘内，形成很多分散的工业废水的坑（塘）。这些工业废水的坑（塘）水体和底泥中含有多种重金属离子，如铅、汞、镉、铁、铜、锰、锌等，造成很大的潜在环境风险。独流减河流域下游分布有大型石化企业，石化废水具有污染物浓度高、难降解和生物毒性等特点，石化废水是独流减河流域下游主要的工业污染源之一。石化废水经处理后遵照石化行业相关污水排放标准排入独流减河，改造前的外排水水质对独流减河流域水质改善具有潜在风险。

（3）独流减河流域表层沉积物中风险物质污染严重

独流减河流域表层沉积物中受到较为严重的有机风险物质污染，并产生了潜在的生态风险。根据基于全二维气相色谱技术的有机风险污染物甄别与筛查结果，独流减河流域湿地表层沉积物中有机风险污染物质的主要种类包含化工原料、药品及个人护理品、农药、多环芳烃及其取代物等。其中，多环芳烃及其取代物共检出 40 种以上，在各样点检出率高于 50%的污染物共 200 多种，主要包括酚类、酞酸酯类和多环芳烃类。

结合独流减河流域的产业结构特征、土地利用现状与污染源类型，对初步筛查的有机风险污染物中多环芳烃类和酚类雌激素进行重点关注，并运用气相色谱-质谱联用和液相色谱-串联质谱技术进行定量检测分析，同步进行潜在生态风险评估，结果显示：多环芳烃类中的芘、菲、荧蒽在调查样点表层沉积物中含量极高，是沉积物多环芳烃类的主要组成成分，同时在多个样点产生了中等及以上的生态风险，其中芘在多个样点产生高风险；此外，苊烯和芴虽然在沉积物中的含量位于中等水平，但其在绝大多数调查样点中均具有中等以上的潜在生态风险。在酚类雌激素中，壬基酚、辛基酚和双酚 A 均具有较高的检出量，且生态风险熵值计算结果显示上述三种物质均造成了较高的潜在生态风险，具有赋存含量和潜在风险双高的特征。以上结果表明，独流减河流域水环境沉积物已经受到了以多环芳烃类和酚类雌激素为主的有机风险物质的污染，并产生了潜在的生态风险效应，需进行重点关注，并提出相应的风险控制策略与方案。

2.3 流域水环境调查

2.3.1 水环境污染物排放调查

2.3.1.1 调查方法及核算依据

针对独流减河流域的具体情况，通过水质监测、查阅统计年鉴，结合流域生产、生活涉水排放源的排放现状，选取 COD、NH_3-N、TN、TP 四种主要污染物，对流域内的直排企业、污水处理厂、农业种植、畜禽养殖、农村生活污水和水产养殖的排放量与实际入河量进行核算。

流域内各污染物总量为：

$$\begin{aligned} W &= \sum(\mathrm{WLA}_i + \mathrm{LA}_i) \\ &= \sum\left[(C_{排i} \times V_{排i} \times N_i) + (F_i \cdot K_{农田} + P_i \cdot K_{人口} + L_i \cdot K_{畜禽} + A_i \cdot K_{水产})\right] \\ &\qquad (i=1,\ 2,\ \cdots) \end{aligned}$$

式中，WLA_i —— 第 i 子流域点源污染负荷总量；

LA_i —— 第 i 子流域非点源污染负荷总量；

$C_{排i}$ —— 第 i 子流域点源污染物排放浓度；

$V_{排i}$ —— 第 i 子流域点源污染物排放量；

N_i —— 第 i 子流域运行天数；

F_i —— 第 i 子流域农田面积；

$K_{农田}$ —— 农田排污系数；

P_i —— 第 i 子流域农村居民数量；

$K_{人口}$ —— 农村生活排污系数；

L_i —— 第 i 子流域畜禽养殖数量；

$K_{畜禽}$ —— 畜禽养殖排污系数；

A_i —— 第 i 子流域水产养殖产量；

$K_{水产}$ —— 水产养殖排污系数。

农田和农村生活部分排污系数参照《全国水环境容量核定技术指南》；畜禽养殖部分排污系数采用《第一次全国污染源普查畜禽养殖业产排污系数与排污系数

手册》中华北地区养殖场猪、奶牛、肉牛、鸡、羊排污系数；水产养殖排污系数参照《第一次全国污染源普查水产养殖业污染源产排污系数手册》，各排污系数见表 2-3。

表 2-3　排污系数

类型		COD	NH_3-N	TN	TP
农田/［kg/（hm^2·a）］		150	30	26.72	2.12
农村生活/［kg/（人·a）］		14.6	1.46	4.38	0.88
畜禽/［g/（头（羽）·d）］	猪	30.78	2.07	5.34	0.43
	奶牛	461.48	25.15	66.12	10.66
	肉牛	243.56	16.85	16.85	1.19
	鸡	1.08	0.05	0.05	0.02
	羊	4.4	0.57	0.57	0.45
水产/（g/kg）	鲤鱼	11.507	2.629	11.581	2.269
	草鱼	19.596	2.310	0.384	0.105
	鲫鱼	1.672	0.431	2.629	0.702
	虾	27.022	1.277	0.813	0.066

农业非点源污染入河量是指一定时期内，由地表径流携带进入河流等地表水体的污染负荷。要估算入河量，需要首先确定入河系数。农业面源入河系数参考原环境保护部环境规划院“京津冀环境承载力测算”项目及相关文献，农业种植、畜禽养殖及农村生活污染入河系数均取 0.2，水产养殖污染入河系数取 0.9，城市径流入河系数取 0.02。

2.3.1.2　点源污染物排放负荷调查与评估

（1）直排工业点源分布及污染负荷

根据天津市工业污染源调查统计，独流减河流域内企业共计 3 108 家，其中，大部分企业污水排入工业园区污水处理厂或城镇污水处理厂处理；其他企业（共计 335 家）污水排入子牙河、南运河、独流减河及其支流、大沽排污河及青静黄排水渠。通过对企业排水去向进行梳理，剔除污水排入大沽排污河和青静黄排水渠的企业后，独流减河流域直排点源污染企业有 269 家，其地理分布见图 2-13，图中数字为子流域编号。

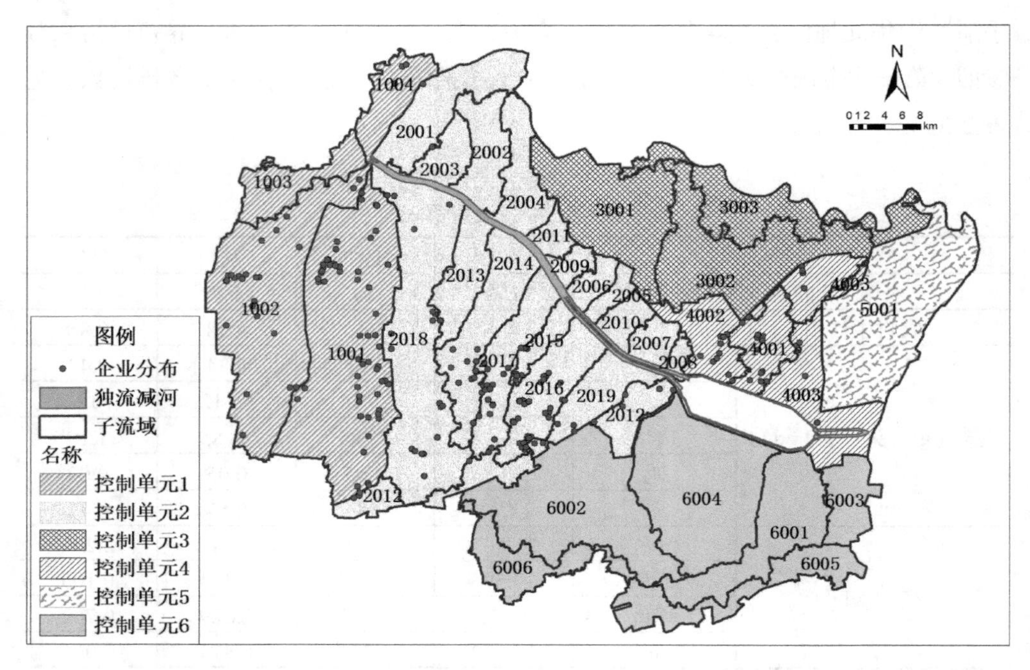

图 2-13　独流减河流域污染直排企业数量及分布

从图 2-13 中可以看出，独流减河流域重点工业源主要分布在控制单元 1 和控制单元 2，其直排点源污染企业分别为 108 家和 127 家。控制单元 4 也分布有少量直排点源污染企业，共 34 家。控制单元 3、控制单元 5 和控制单元 6 中不存在符合筛选条件的工业污染源。表 2-4 为独流减河流域各控制单元直排企业点源入河污染负荷。

表 2-4　独流减河流域各控制单元直排企业点源入河污染负荷　　单位：t/a

控制单元	子流域	废水排放量	COD 排放量	COD 入河量	NH_3-N 排放量	NH_3-N 入河量
控制单元 1	1001	1 560 192	194.27	135.99	26.58	18.60
	1002	1 433 767	196.73	137.71	27.51	19.25
	1003	2 000	0.12	0.08	0.03	0.02
	1004	32 720	4.23	2.96	1.31	0.92
	合计	3 028 679	395.35	276.74	55.43	38.79

控制单元	子流域	废水排放量	COD 排放量	COD 入河量	NH_3-N 排放量	NH_3-N 入河量
控制单元 2	2001	56 607	8.49	5.94	2.72	1.90
	2003	18 000	6.84	4.79	0.86	0.60
	2012	647 800	70.02	49.01	6.19	4.33
	2013	5 000	0.30	0.21	0.08	0.05
	2014	436 040	69.18	48.43	8.39	5.87
	2015	321 000	46.26	32.38	5.57	3.90
	2016	1 216 820	175.61	122.93	21.25	14.88
	2017	1 292 620	111.76	78.23	17.34	12.14
	2018	763 433	97.54	68.28	13.99	9.80
	2019	231 700	30.10	21.07	4.23	2.96
	合计	4 989 020	616.1	431.27	80.62	56.43
控制单元 4	4001	10 787 226	328.92	230.24	16.60	11.62
	4002	274 985	47.46	33.22	4.06	2.84
	4003	973 900	306.19	214.33	30.45	21.32
	合计	12 036 111	682.57	477.79	51.11	35.78
合计		20 053 810	1 694.01	1 185.81	187.15	131.00

经计算，独流减河流域直排工业 COD 入河量为 1 185.81 t/a，NH_3-N 入河量为 131.00 t/a。6 个控制单元中，控制单元 1、控制单元 2 和控制单元 4 的 COD 入河量分别为 276.74 t/a、431.27 t/a 和 477.79 t/a；NH_3-N 入河量分别为 38.79 t/a、56.43 t/a 和 35.78 t/a。控制单元 3、控制单元 5 和控制单元 6 无直排工业污染。

（2）污水处理厂分布及污染负荷

根据 2016 年数据，独流减河流域现有运行污水处理厂 32 座，由排水去向分析可知，独流减河流域现有污水处理厂出水大多排入大沽排污河及青静黄排水渠，因此，筛查后独流减河流域范围内出水汇入独流减河的污水处理厂有 11 座，具体见图 2-14。

从图 2-14 可以看出，独流减河流域符合筛查条件的污水处理厂主要分布在控制单元 1 和控制单元 2，分别为 4 家和 7 家。控制单元 3、控制单元 4、控制单元 5、控制单元 6 中不存在符合筛查条件的污水处理厂。表 2-5 为独流减河流域污水处理厂污染负荷。

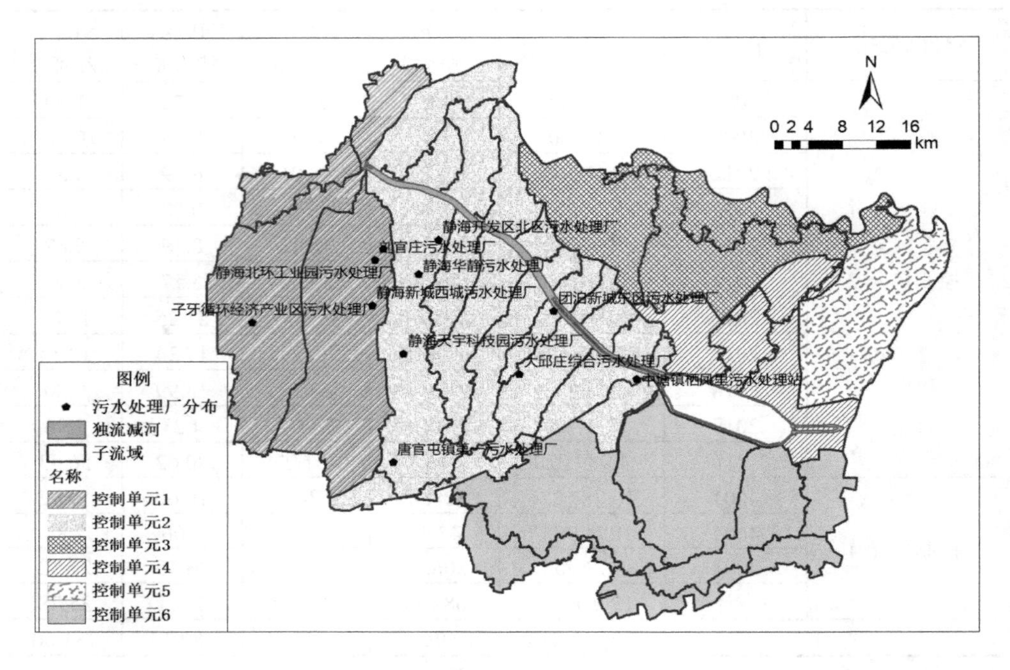

图 2-14 独流减河流域污水处理厂数量及分布

表 2-5 独流减河流域污水处理厂污染负荷

名称	设计规模/（万 t/d）	实际处理量/（万 t/d）	执行标准	控制单元	子流域	COD 排放量/（t/a）	NH_3-N 排放量/（t/a）
刘官庄污水处理厂	0.50	0.41	一级 A	控制单元 1	1001	74.83	9.35
静海北环工业园污水处理厂	0.50	0.37	一级 B	控制单元 1	1001	81.03	14.74
静海新城西城污水处理厂	0.80	0.69	一级 A	控制单元 1	1001	125.93	15.74
子牙循环经济产业区污水处理厂	1.00	0.62	一级 A	控制单元 1	1002	113.15	14.14
团泊新城东区污水处理厂	0.60	0.35	一级 A	控制单元 2	2015	63.88	7.98
大邱庄综合污水处理厂	4.00	1.29	一级 B	控制单元 2	2016	282.51	51.40

名称	设计规模/（万 t/d）	实际处理量/（万 t/d）	执行标准	控制单元	子流域	COD 排放量/（t/a）	NH_3-N 排放量/（t/a）
静海开发区北区污水处理厂	1.50	0.50	一级 B	控制单元 2	2018	109.50	19.92
唐官屯镇第一污水处理厂	0.40	0.15	一级 B	控制单元 2	2018	32.85	5.98
静海天宇科技园污水处理厂	1.50	0.75	一级 B	控制单元 2	2018	164.25	29.88
静海华静污水处理厂	1.00	1.01	一级 B	控制单元 2	2018	221.19	40.24
中塘镇栖凤里污水处理站	0.01	0.01	二级	控制单元 2	2019	3.83	1.04

王亮在《天津市重点水污染物容量总量控制研究》中指出，天津地区点源入河系数为 0.6～0.8，结合原环境保护部环境规划院“京津冀环境承载力测算”课题项目入河系数参考值，对于污水处理厂其入河系数取 0.8 进行计算，可得独流减河流域污水处理厂点源入河污染负荷，具体见表 2-6。

表 2-6　各控制单元污水处理厂点源入河污染负荷　　单位：t/a

控制单元	子流域	COD 排放量	COD 入河量	NH_3-N 排放量	NH_3-N 入河量
控制单元 1	1001	281.78	225.42	39.84	31.87
	1002	113.15	90.52	14.14	11.32
	合计	394.93	315.94	53.98	43.19
控制单元 2	2015	63.88	51.10	7.98	6.39
	2016	282.51	226.01	51.40	41.12
	2018	527.79	422.23	96.03	76.82
	2019	3.83	3.07	1.04	0.83
	合计	878.01	702.41	156.45	125.16
合计		1 272.94	1 018.35	210.43	168.35

经计算，独流减河流域污水处理厂 COD 入河量为 1 018.35 t/a，NH_3-N 入河量为 168.35 t/a。6 个控制单元中，控制单元 1 和控制单元 2 的 COD 入河量分别为 315.94 t/a 和 702.41 t/a；NH_3-N 入河量分别为 43.19 t/a 和 125.16 t/a。控制单元 3、控制单元 4、控制单元 5 和控制单元 6 无污水处理厂污染负荷。

（3）点源污染汇总

独流减河流域点源入河污染负荷汇总见表 2-7。

表 2-7 独流减河流域点源入河污染负荷汇总 单位：t/a

控制单元	子流域	点源 COD 入河量			点源 NH_3-N 入河量		
		直排企业	污水处理厂	合计	直排企业	污水处理厂	合计
控制单元 1	1001	135.99	225.42	361.41	18.60	31.87	50.47
	1002	137.71	90.52	228.23	19.25	11.32	30.57
	1003	0.08	0.00	0.08	0.02	0.00	0.02
	1004	2.96	0.00	2.96	0.92	0.00	0.92
控制单元 2	2001	5.94	0.00	5.94	1.90	0.00	1.90
	2003	4.79	0.00	4.79	0.60	0.00	0.60
	2012	49.01	0.00	49.01	4.33	0.00	4.33
	2013	0.21	0.00	0.21	0.05	0.00	0.05
	2014	48.43	0.00	48.43	5.87	0.00	5.87
	2015	32.38	51.10	83.48	3.90	6.39	10.28
	2016	122.93	226.01	348.93	14.88	41.12	56.00
	2017	78.23	0.00	78.23	12.14	0.00	12.14
	2018	68.28	422.23	490.51	9.80	76.82	86.62
	2019	21.07	3.07	24.14	2.96	0.83	3.79
控制单元 4	4001	230.24	0.00	230.24	11.62	0.00	11.62
	4002	33.22	0.00	33.22	2.84	0.00	2.84
	4003	214.33	0.00	214.33	21.32	0.00	21.32
合计		1 185.81	1 018.35	2 204.16	131.00	168.35	299.35

2.3.1.3 非点源（面源）污染物负荷调查与评估

（1）农村非点源基本数据

通过查阅《天津统计年鉴》（2016）和《天津区县年鉴》（2016）等资料，确定独流减河流域农村非点源污染主要来源于农业种植、畜禽养殖污染物、农村生活污水排放和水产养殖。通过现场调研、实地监测和资料查阅，得到农村非点源排污单元基本情况。

截至 2015 年年底，流域内农田共计 98 460 hm^2；农村人口数约 48.93 万人；肉牛总数约为 3 962 头，奶牛总数约为 24 463 头，生猪总数约为 460 207 头，肉羊总数约为 128 933 头；肉鸡总数约为 486 万羽、蛋鸡总数约为 161 万羽，见表 2-8。

表2-8　2015年独流减河流域农村非点源排污单元基本数据

非点源	项目	控制单元1	控制单元2	控制单元3	控制单元4	控制单元6
种植业	农田面积/hm^2	39 605	28 830	11 561	2 051	16 414
畜禽养殖	生猪/头	165 937	166 883	52 268	4 726	70 393
	肉牛/头	500	1 334	716	327	1 085
	肉羊/头	56 372	50 913	8 496	2 153	10 999
	奶牛/头	9 924	7 139	0	0	7 400
	肉鸡/羽	2 813 960	1 796 291	2 006	716	249 611
	蛋鸡/羽	289 940	881 422	26 911	230 000	181 740
水产养殖	养殖量/t	0.14	2.19	0.02	0.09	0.44
生活源	农村人口/人	206 351	115 707	73 783	22 663	70 852

（2）农田种植污染排放量及入河量

农田径流是农业面源污染负荷的主要来源之一，土壤中大量残余养分随雨水及灌溉排水就近汇入周边坑塘，对河流水体构成严重威胁。独流减河流域主要种植作物包括粮食（小麦、玉米、水稻）、棉花、蔬菜、果林及其他经济作物，流域农田分布情况见图2-15。

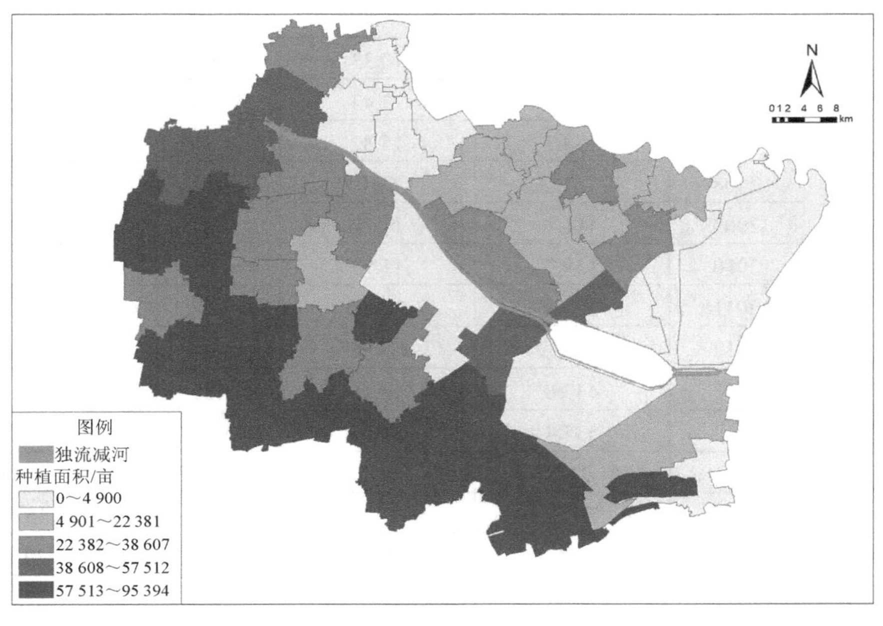

图2-15　独流减河流域农田分布情况

独流减河流域各控制单元农田径流污染排放量及入河量见表 2-9，独流减河流域农田径流污染 COD 入河量为 2 953.86 t/a，氨氮入河量为 590.77 t/a。6 个控制单元中，控制单元 1 种植面积最大，COD、氨氮污染入河量也最大，分别为 1 114.07 t/a、222.81 t/a；控制单元 2 种植面积次之，COD、氨氮污染入河量分别为 977.56 t/a、195.51 t/a；控制单元 5 没有农业种植。

表 2-9 独流减河流域各控制单元农田径流污染负荷估算 单位：t/a

控制单元	子流域	种植 COD 排放量	种植 COD 入河量	种植 NH_3-N 排放量	种植 NH_3-N 入河量
控制单元 1	1001	6 116.1	611.61	1 223.2	122.32
	1002	3 270.4	327.04	654.1	65.41
	1003	1 129.6	112.96	225.9	22.59
	1004	624.6	62.46	124.9	12.49
控制单元 2	2001	1 055.8	105.58	211.2	21.12
	2002	85	8.50	17	1.70
	2003	11	1.10	2.2	0.22
	2004	98	9.80	19.6	1.96
	2005	103.3	10.33	20.7	2.07
	2006	134.3	13.43	26.9	2.69
	2007	158.2	15.82	31.6	3.16
	2008	61	6.10	12.2	1.22
	2009	111.7	11.17	22.3	2.23
	2010	159.7	15.97	31.9	3.19
	2011	385.8	38.58	77.2	7.72
	2012	1 700.9	170.09	340.2	34.02
	2013	447.6	44.76	89.5	8.95
	2014	535.4	53.54	107.1	10.71
	2015	91.5	9.15	18.3	1.83
	2016	772.1	77.21	154.4	15.44
	2017	1 455.7	145.57	291.1	29.11
	2018	1 360.6	136.06	272.1	27.21
	2019	1048	104.80	209.6	20.96

控制单元	子流域	种植 COD 排放量	种植 COD 入河量	种植 NH_3-N 排放量	种植 NH_3-N 入河量
控制单元 3	3001	400	40.00	80	8.00
	3002	800	80.00	160	16.00
	3003	1 482.5	148.25	296.5	29.65
控制单元 4	4002	1000	100.00	200	20.00
	4003	15.4	1.54	3.1	0.31
控制单元 6	6001	258.6	25.86	51.7	5.17
	6002	1 434.6	143.46	286.9	28.69
	6003	101.4	10.14	20.3	2.03
	6005	1 473.2	147.32	294.6	29.46
	6006	1 656.5	165.65	331.3	33.13
合计		29 538.60	2 953.86	5 907.70	590.77

（3）畜禽养殖污染排放量及入河量

独流减河流域各控制单元畜禽养殖污染排放量及入河量见表 2-10，独流减河流域畜禽养殖 COD 入河量为 2 536.34 t/a，氨氮入河量为 186.49 t/a。6 个控制单元中，控制单元 2 畜禽养殖 COD、氨氮污染入河量最大，分别为 1 030.43 t/a、77.60 t/a；控制单元 1 次之，COD、氨氮污染入河量分别为 868.68 t/a、66.69 t/a。

表 2-10　独流减河流域各控制单元畜禽养殖污染负荷估算　　单位：t/a

控制单元	子流域	畜禽养殖 COD 排放量	畜禽养殖 COD 入河量	畜禽养殖 NH_3-N 排放量	畜禽养殖 NH_3-N 入河量
控制单元 1	1001	2 714.18	542.84	209.28	41.86
	1002	854.09	170.82	66.48	13.30
	1003	347.08	69.42	31.48	6.30
	1004	428.04	85.61	26.15	5.23
控制单元 2	2001	416.96	83.39	35.36	7.07
	2002	44.75	8.95	2.24	0.45
	2004	121.13	24.23	7.34	1.47
	2005	100.14	20.03	4.71	0.94
	2006	130.26	26.05	6.13	1.23
	2007	153.48	30.70	7.22	1.44
	2008	59.15	11.83	2.78	0.56
	2009	108.34	21.67	5.10	1.02

控制单元	子流域	畜禽养殖 COD 排放量	畜禽养殖 COD 入河量	畜禽养殖 NH_3-N 排放量	畜禽养殖 NH_3-N 入河量
控制单元 2	2010	154.91	30.98	7.29	1.46
	2011	161.65	32.33	8.67	1.73
	2012	521.14	104.23	37.85	7.57
	2013	193.70	38.74	19.05	3.81
	2014	612.22	122.44	49.04	9.81
	2016	126.14	25.23	9.63	1.93
	2017	720.31	144.06	56.60	11.32
	2018	1 237.26	247.45	80.14	16.03
	2019	290.59	58.12	48.27	9.65
控制单元 3	3001	63.23	12.65	3.21	0.64
	3002	65.05	13.01	3.48	0.70
	3003	300.48	60.10	18.74	3.75
控制单元 4	4002	308.29	61.66	19.75	3.95
	4003	46.73	9.35	12.85	2.57
控制单元 6	6001	93.83	18.77	9.41	1.88
	6002	1 314.93	262.99	75.64	15.13
	6003	36.79	7.36	3.69	0.74
	6005	513.83	102.77	36.88	7.38
	6006	443.02	88.60	27.43	5.49
合计		12 681.70	2 536.34	932.44	186.49

（4）农村生活污染排放量及入河量

根据研究区域内各镇县农村人口统计数据，2015 年年底研究区域内农业总人口累积达到 237.25 万人，涉及 43 个乡镇。独流减河流域农村人口分布见图 2-16。

独流减河流域农村生活污水污染物排放统计按未覆盖排水管网的直排村庄人口产生的生活污水污染物进行统计。表 2-11 为各控制单元及子流域农村生活污水 COD 和氨氮排放量及入河量。农村生活 COD 入河量为 1 428.92 t/a，氨氮入河量为 142.89 t/a。6 个控制单元中，控制单元 1 农村人口量最大，COD、氨氮入河量也最大，分别为 550.80 t/a、55.08 t/a；控制单元 2 次之。

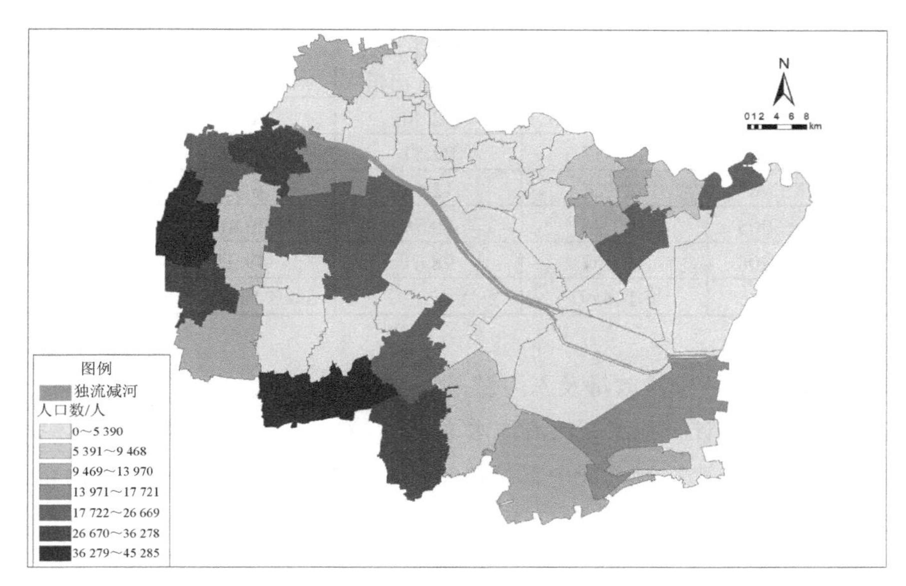

图 2-16　独流减河流域农村人口分布情况

表 2-11　独流减河流域各控制单元农村生活污染负荷估算　单位：t/a

控制单元	子流域	农村生活 COD 排放量	农村生活 COD 入河量	农村生活 NH_3-N 排放量	农村生活 NH_3-N 入河量
控制单元 1	1001	600.56	120.11	60.06	12.01
	1002	1 657.49	331.50	165.75	33.15
	1003	300.00	60.00	30.00	6.00
	1004	195.95	39.19	19.59	3.92
控制单元 2	2001	66.65	13.33	6.66	1.33
	2012	661.16	132.23	66.12	13.22
	2013	289.96	57.99	29.00	5.80
	2014	389.37	77.87	38.94	7.79
	2016	282.19	56.44	28.22	5.64
	2018	258.73	51.75	25.87	5.17
控制单元 3	3002	268.19	53.64	26.82	5.36
	3003	747.74	149.55	74.77	14.95
控制单元 4	4002	341.17	68.23	34.12	6.82
	4003	51.01	10.20	5.10	1.02

控制单元	子流域	农村生活 COD 排放量	农村生活 COD 入河量	农村生活 NH_3-N 排放量	农村生活 NH_3-N 入河量
控制单元 6	6001	161.51	32.30	16.15	3.23
	6002	112.57	22.51	11.26	2.25
	6003	63.33	12.67	6.33	1.27
	6005	203.96	40.79	20.40	4.08
	6006	493.07	98.61	49.31	9.86
合计		7 144.60	1 428.92	714.46	142.89

（5）水产养殖污染排放量及入河量

根据表 2-12 统计，独流减河流域水产养殖 COD 入河量为 885.40 t/a，氨氮入河量为 34.47 t/a。6 个控制单元中，控制单元 2 水产养殖 COD、氨氮入河量最大，分别为 781.22 t/a、12.06 t/a。

表 2-12 独流减河流域各控制单元水产养殖污染负荷估算 单位：t/a

控制单元	子流域	水产养殖 COD 排放量	水产养殖 COD 入河量	水产养殖 NH_3-N 排放量	水产养殖 NH_3-N 入河量
控制单元 1	1001	5.39	4.85	0.41	0.37
控制单元 2	2013	66.66	59.99	0.68	0.61
	2014	204.28	183.85	1.05	0.94
	2015	444.59	400.13	3.27	2.95
	2017	74.36	66.92	0.53	0.47
	2018	38.53	34.68	0.55	0.49
	2019	39.61	35.65	7.33	6.60
控制单元 3	3003	2.42	2.17	0.55	0.50
控制单元 4	4002	20.25	18.23	4.63	4.16
	4003	34.52	31.07	7.89	7.10
控制单元 6	6001	19.60	17.64	3.95	3.56
	6002	13.81	12.43	3.15	2.84
	6003	7.68	6.92	1.55	1.39
	6005	12.08	10.87	2.76	2.48
合计		983.78	885.40	38.30	34.47

（6）城市径流污染入河量

PLOAD 是美国国家环境保护局开发的 BASINS 系统中用来计算流域非点源污染年负荷量的模型，PLOAD 有两种方法对流域的年污染负荷进行计算：输出系数法和简易法。本书采用简易法。城市径流非点源污染负荷公式如下：

$$L_{\mathrm{P}} = \sum_{U}(0.01 \times P \times P_{\mathrm{J}} \times R_{\mathrm{V}U} \times C_{U} \times A_{U})$$

式中，L_{P} —— 污染负荷输出量，kg/a；

P —— 降水量，mm/a；

P_{J} —— 降雨产流率；

$R_{\mathrm{V}U}$ —— 地表径流平均径流系数；

C_{U} —— 土地利用类型 U 下的污染物径流量加权平均浓度，mg/L；

A_{U} —— 土地利用类型为 U 的土地面积，hm^2。

独流减河流域城市土地利用类型如图 2-17 所示。

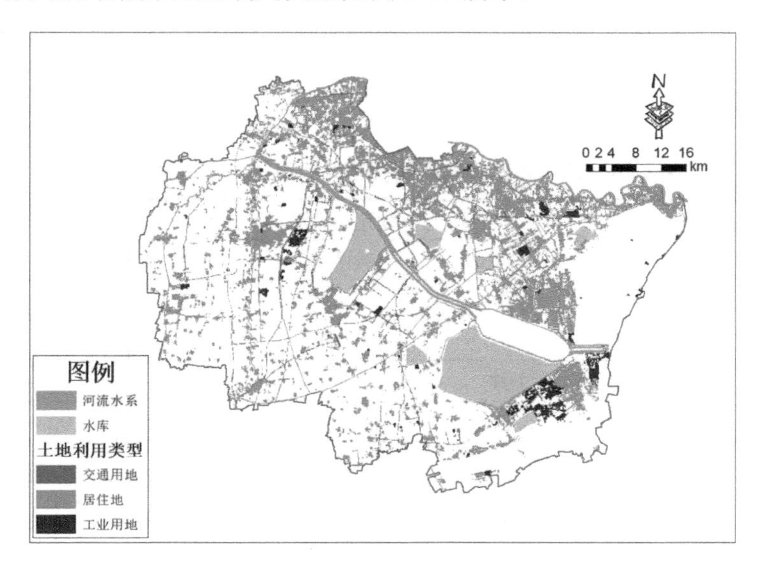

图 2-17　独流减河流域城市土地利用类型

模型计算中所使用的年平均降水量 P，采用天津地区多年平均降水量，为 571 mm。

降雨产流率 P_J 用于对不产生地表径流的降雨进行校正，即产生径流的降雨事件占总降雨事件的比例，本书取 PLOAD 模型推荐值 0.9。

平均径流系数 R_{VU} 为降雨产生的径流量与降水量的比值，张一龙等提出在计算城市地表产流时采用径流系数法，《室外排水设计规范》（2014 年版）中天津市综合径流系数为 0.45～0.6，本书中非点源污染城市径流计算涉及的主要土地利用类型为工业用地、交通用地和居住地，径流系数较高，故 R_{VU} 选取 0.6。

城市径流涉及的主要土地利用类型下的污染物径流加权平均浓度 C_U 见表 2-13。

表 2-13　不同土地利用类型的径流污染物平均浓度　　单位：mg/L

土地利用类型	COD_{Cr}	NH_3-N	TN	TP
工业用地	112	0.9	2	0.5
交通用地	61.58	0.45	1	0.25
居住地	93.82	2.32	4.89	1.78

通过计算，独流减河流域的城市径流非点源污染负荷分别为：COD 502.7 t/a、NH_3-N 11.31 t/a（表 2-14）。

表 2-14　独流减河流域各控制单元城市径流污染负荷估算

控制单元	子流域	不同土地利用类型面积/hm^2			入河量/（t/a）	
		工业用地	交通用地	居住地	COD	氨氮
控制单元 1	1001	125.20	556.35	6 317.99	39.53	0.93
	1002	129.72	175.99	3 611.70	22.46	0.53
	1003	0.00	73.81	405.53	2.63	0.06
	1004	0.00	69.97	1 319.19	7.90	0.19
控制单元 2	2001	151.69	202.73	4 729.36	29.18	0.69
	2002	128.94	126.22	2 979.40	18.61	0.44
	2003	0.00	61.70	1 127.08	6.76	0.16
	2004	56.08	148.78	2 292.39	14.22	0.34
	2005	13.65	79.58	304.84	2.16	0.05
	2006	7.61	161.87	146.19	1.51	0.03
	2007	0.83	18.05	684.21	4.03	0.10
	2008	0.00	0.00	143.31	0.83	0.02

控制单元	子流域	不同土地利用类型面积/hm^2			入河量/（t/a）	
		工业用地	交通用地	居住地	COD	氨氮
控制单元 2	2009	0.00	121.44	284.29	2.11	0.04
	2010	19.49	37.95	352.83	2.32	0.05
	2011	0.00	75.86	213.57	1.52	0.03
	2012	8.00	74.84	1 097.59	6.69	0.16
	2013	0.00	140.42	788.85	5.10	0.12
	2014	7.52	63.48	1 538.82	9.20	0.22
	2015	18.88	80.11	328.44	2.33	0.05
	2016	142.14	331.82	905.05	7.48	0.15
	2017	21.84	280.73	1 394.75	9.29	0.21
	2018	965.85	897.45	2 978.16	27.31	0.50
	2019	0.00	165.69	663.07	4.47	0.10
控制单元 3	3001	120.79	492.48	8 092.27	49.52	1.18
	3002	831.04	416.93	6 783.32	46.57	1.03
	3003	32.36	114.12	6 323.31	37.24	0.91
控制单元 4	4001	88.19	0.00	3 399.83	20.28	0.49
	4002	0.00	105.99	3 100.76	18.34	0.45
	4003	661.07	0.00	5 626.45	37.12	0.84
控制单元 6	6001	1 789.31	0.00	1 839.67	23.00	0.36
	6002	167.68	425.44	2 238.29	15.72	0.34
	6003	375.55	0.00	841.84	7.46	0.14
	6004	533.99	14.60	1 482.86	12.32	0.24
	6005	57.01	38.09	304.18	2.30	0.05
	6006	0.00	212.38	758.35	5.19	0.11
合计		6 455.05	5 764.88	75 397.75	502.70	11.31

2.3.1.4　污染源汇总调查

通过计算，独流减河流域非点源 COD、非点源 NH_3-N 入河量分别为 8 307.22 t/a 和 965.93 t/a，点源 COD、点源 NH_3-N 入河量分别为 2 204.16 t/a 和 299.35 t/a。流域非点源 COD、非点源 NH_3-N 入河量分别是点源入河量的 3.76 倍和 3.23 倍。独流减河流域点源和非点源污染入河负荷汇总情况见表 2-15～表 2-17。

表 2-15 独流减河流域 COD 入河量 单位：t/a

控制单元	子流域	点源 COD 入河量		非点源 COD 入河量					
		直排企业	污水处理厂	城市径流	畜禽养殖	种植业	水产养殖	农村生活	合计
控制单元1	1001	135.99	225.42	39.53	542.84	611.61	4.85	120.11	1 680.35
	1002	137.71	90.52	22.46	170.82	327.04	0.00	331.50	1 080.05
	1003	0.08	0.00	2.63	69.42	112.96	0.00	60.00	245.09
	1004	2.96	0.00	7.90	85.61	62.46	0.00	39.19	198.12
控制单元2	2001	5.94	0.00	29.18	83.39	105.58	0.00	13.33	237.42
	2002	0.00	0.00	18.61	8.95	8.50	0.00	0.00	36.06
	2003	4.79	0.00	6.76	0.00	1.10	0.00	0.00	12.65
	2004	0.00	0.00	14.22	24.23	9.80	0.00	0.00	48.25
	2005	0.00	0.00	2.16	20.03	10.33	0.00	0.00	32.52
	2006	0.00	0.00	1.51	26.05	13.43	0.00	0.00	40.99
	2007	0.00	0.00	4.03	30.70	15.82	0.00	0.00	50.55
	2008	0.00	0.00	0.83	11.83	6.10	0.00	0.00	18.76
	2009	0.00	0.00	2.11	21.67	11.17	0.00	0.00	34.95
	2010	0.00	0.00	2.32	30.98	15.97	0.00	0.00	49.27
	2011	0.00	0.00	1.52	32.33	38.58	0.00	0.00	72.43
	2012	49.01	0.00	6.69	104.23	170.09	0.00	132.23	462.25
	2013	0.21	0.00	5.10	38.74	44.76	59.99	57.99	206.79
	2014	48.43	0.00	9.20	122.44	53.54	183.85	77.87	495.33
	2015	32.38	51.10	2.33	0.00	9.15	400.13	0.00	495.09
	2016	122.93	226.01	7.48	25.23	77.21	0.00	56.44	515.3
	2017	78.23	0.00	9.29	144.06	145.57	66.92	0.00	444.07
	2018	68.28	422.23	27.31	247.45	136.06	34.68	51.75	987.76
	2019	21.07	3.07	4.47	58.12	104.80	35.65	0.00	227.18
控制单元3	3001	0.00	0.00	49.52	12.65	40.00	0.00	0.00	102.17
	3002	0.00	0.00	46.57	13.01	80.00	0.00	53.64	193.22
	3003	0.00	0.00	37.24	60.10	148.25	2.17	149.55	397.31
控制单元4	4001	230.24	0.00	20.28	0.00	0.00	0.00	0.00	250.52
	4002	33.22	0.00	18.34	61.66	100.00	18.23	68.23	299.68
	4003	214.33	0.00	37.12	9.35	1.54	31.07	10.20	303.61
控制单元6	6001	0.00	0.00	23.00	18.77	25.86	17.64	0.00	85.27
	6002	0.00	0.00	15.72	262.99	143.46	12.43	32.30	466.9
	6003	0.00	0.00	7.46	7.36	10.14	6.92	22.51	54.39
	6005	0.00	0.00	12.32	102.77	147.32	10.87	12.67	285.95
	6006	0.00	0.00	7.49	88.60	165.65	0.00	0.00	261.74
合计		1 185.81	1 018.35	502.7	2 536.34	2 953.86	885.40	1 428.92	10 511.38

表 2-16 独流减河流域氨氮入河量 单位：t/a

控制单元	子流域	点源氨氮入河量		非点源氨氮入河量					
		直排企业	污水处理厂	城市径流	畜禽养殖	种植业	水产养殖	农村生活	合计
控制单元1	1001	18.60	31.87	0.93	41.86	122.32	0.37	12.01	227.96
	1002	19.25	11.32	0.53	13.30	65.41	0.00	33.15	142.96
	1003	0.02	0.00	0.06	6.30	22.59	0.00	6.00	34.97
	1004	0.92	0.00	0.19	5.23	12.49	0.00	3.92	22.75
控制单元2	2001	1.90	0.00	0.69	7.07	21.12	0.00	1.33	32.11
	2002	0.00	0.00	0.44	0.45	1.70	0.00	0.00	2.59
	2003	0.60	0.00	0.16	0.00	0.22	0.00	0.00	0.98
	2004	0.00	0.00	0.34	1.47	1.96	0.00	0.00	3.77
	2005	0.00	0.00	0.05	0.94	2.07	0.00	0.00	3.06
	2006	0.00	0.00	0.03	1.23	2.69	0.00	0.00	3.95
	2007	0.00	0.00	0.10	1.44	3.16	0.00	0.00	4.7
	2008	0.00	0.00	0.02	0.56	1.22	0.00	0.00	1.8
	2009	0.00	0.00	0.04	1.02	2.23	0.00	0.00	3.29
	2010	0.00	0.00	0.05	1.46	3.19	0.00	0.00	4.7
	2011	0.00	0.00	0.03	1.73	7.72	0.00	0.00	9.48
	2012	4.33	0.00	0.16	7.57	34.02	0.00	13.22	59.3
	2013	0.05	0.00	0.12	3.81	8.95	0.61	5.80	19.34
	2014	5.87	0.00	0.22	9.81	10.71	0.94	7.79	35.34
	2015	3.90	6.39	0.05	0.11	1.83	2.95	0.00	15.23
	2016	14.88	41.12	0.15	1.93	15.44	0.00	5.64	79.16
	2017	12.14	0.00	0.21	11.32	29.11	0.47	0.00	53.25
	2018	9.80	76.82	0.50	16.03	27.21	0.49	5.17	136.02
	2019	2.96	0.83	0.10	9.65	20.96	6.60	0.00	41.1
控制单元3	3001	0.00	0.00	1.18	0.64	8.00	0.00	0.00	9.82
	3002	0.00	0.00	1.03	0.70	16.00	0.00	5.36	23.09
	3003	0.00	0.00	0.91	3.75	29.65	0.50	14.95	49.76
控制单元4	4001	11.62	0.00	0.49	0.00	0.00	0.00	0.00	12.11
	4002	2.84	0.00	0.45	3.95	20.00	4.16	6.82	38.22
	4003	21.32	0.00	0.84	2.57	0.31	7.10	1.02	33.16
控制单元6	6001	0.00	0.00	0.36	1.88	5.17	3.56	3.23	14.2
	6002	0.00	0.00	0.34	15.13	28.69	2.84	2.25	49.25
	6003	0.00	0.00	0.14	0.74	2.03	1.39	1.27	5.57
	6005	0.00	0.00	0.24	7.38	29.46	2.48	4.08	43.64
	6006	0.00	0.00	0.16	5.49	33.13	0.00	9.86	48.64
合计		131.00	168.35	11.31	186.49	590.77	34.47	142.89	1 265.28

表 2-17　独流减河子流域水系污染物入河量　　单位：t/a

控制单元	子流域	子流域水系	点源		非点源	
			COD	NH_3-N	COD	NH_3-N
控制单元 1	1001	南运河	361.41	50.47	650.79	91.19
	1002	子牙河	228.23	30.57	637.68	78.79
	1003	大清河	0.08	0.02	155.78	21
	1004	子牙河	2.96	0.92	110.18	12.98
控制单元 2	2001	南运河	5.94	1.9	98.64	14.7
	2002	西大洼排水河	0	0	7.38	1.01
	2003	西琉城排干	4.79	0.6	0.55	0.11
	2004	陈台子排水河	0	0	13.38	1.49
	2005	赤龙河	0	0	12.17	1.36
	2006	新赤龙河	0	0	15.83	1.77
	2007	三八河	0	0	18.66	2.09
	2008	洪泥河	0	0	7.19	0.8
	2009	二扬排干	0	0	13.17	1.47
	2010	西赤龙河	0	0	18.83	2.11
	2011	南引河	0	0	30.61	4.47
	2012	马厂减河	49.01	4.33	286.82	36.19
	2013	迎风渠	0.21	0.05	168.42	13.67
	2014	六排干	48.43	5.87	350.82	19.46
	2015	大寨渠	83.48	10.28	404.7	3.9
	2016	八排干	348.93	56	117.98	15.45
	2017	七排干	78.23	12.14	190.13	18.99
	2018	运东排干	490.51	86.62	253.99	26.18
	2019	二排干	24.14	3.79	108.38	20.46
控制单元 3	3001	外环河	0	0	24.43	4.22
	3002	大沽排污河	0	0	111.6	14.95
	3003	海河	0	0	284.27	35.33
控制单元 4	4001	十米河	230.24	11.62	0	0
	4002	马厂减河	33.22	2.84	175.1	24.08
	4003	洪泥河	214.33	21.32	47.86	9.43
控制单元 6	6001	子牙新河	0	0	77.52	10.84
	6002	青静黄排水渠	0	0	204.35	25.29
	6003	青静黄排水渠	0	0	30.39	4.25
	6005	北排水河	0	0	171.49	24.9
	6006	子牙新河	0	0	237.1	30.81

从图 2-18 可以看出，独流减河流域 COD 排放中，贡献比例最大的是种植业，贡献率为 28.13%，其次是畜禽养殖，贡献率为 24.15%，农村生活和直排企业 COD 贡献率分别为 13.61%和 11.29%；独流减河流域 NH_3-N 排放中，种植业贡献比例最大，贡献率达到 46.71%，其次为畜禽养殖和污水处理厂，氨氮贡献率分别为 14.74%和 13.31%，而城市径流与水产养殖贡献较少，分别为 0.87% 和 2.73%。

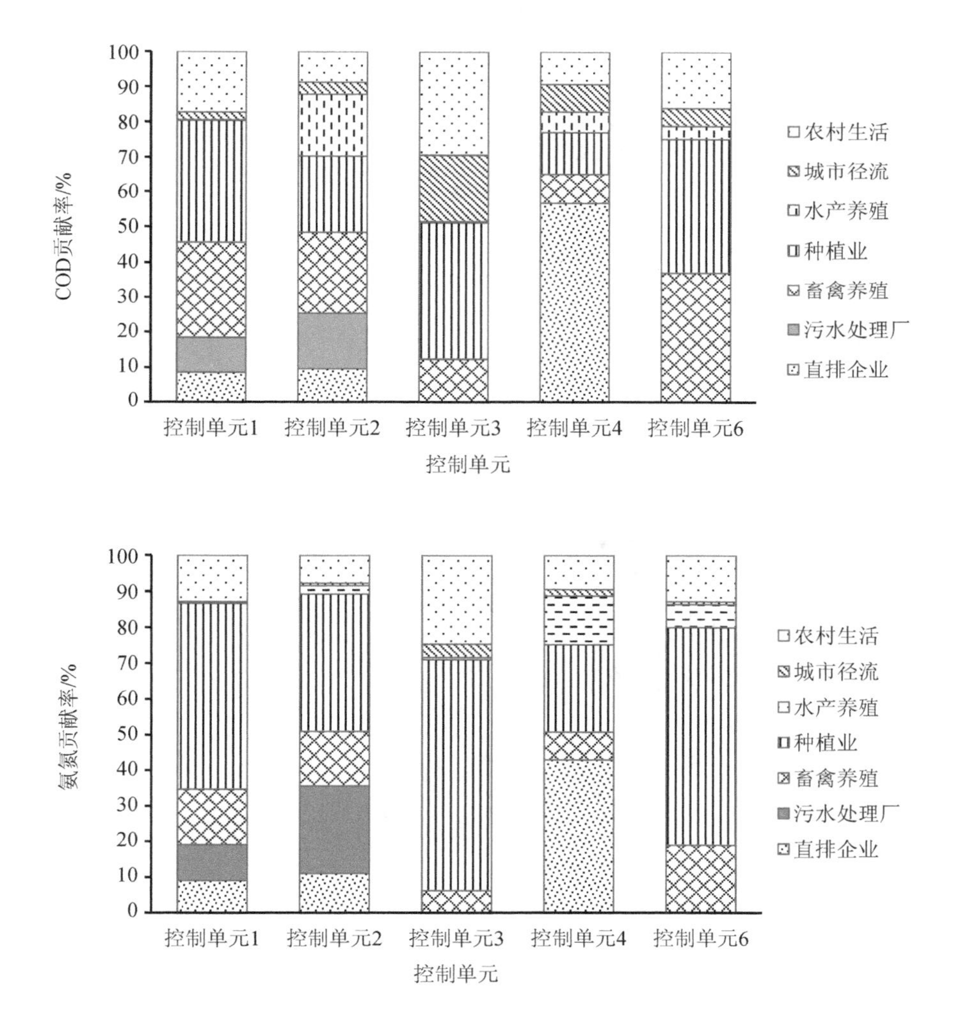

图 2-18　独流减河流域各污染源污染贡献比例

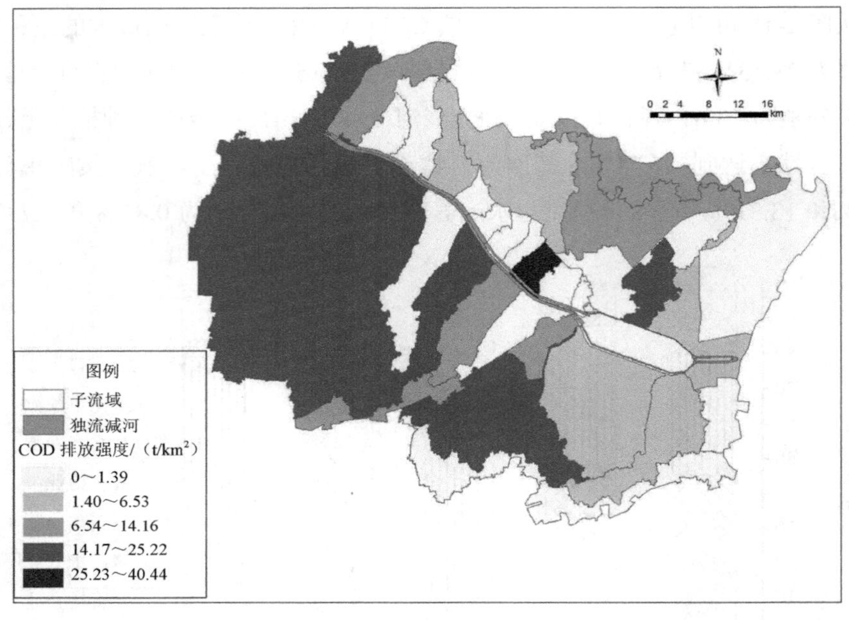

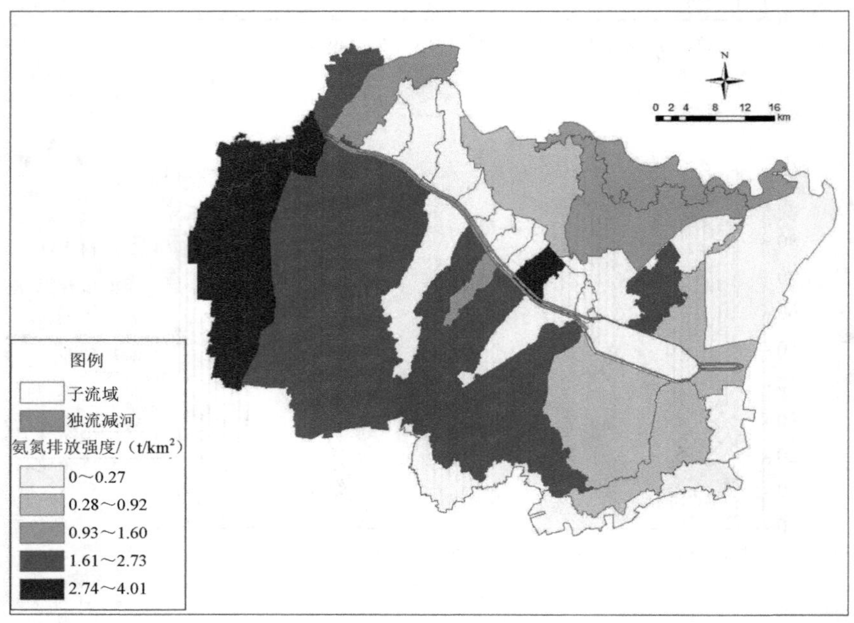

图 2-19　独流减河流域污染物排放强度

从图 2-19 可以看出，独流减河流域各排放单元排放强度跨度较大，控制单元 1 排放强度最大，控制单元 4 排放强度最小，COD、NH_3-N 排放强度范围分别为 3.26～19.29 t/km^2、0.49～2.56 t/km^2。各子流域排放强度跨度也较大，子流域 2010 的排放强度最大，其 COD、NH_3-N 排放强度分别为 40.44 t/km^2、4.01 t/km^2。

2.3.2　水环境管理技术问题诊断

本书通过对独流减河流域水环境管理的调研，认为独流减河流域主要存在以下问题：

①入河排污口管理存在“多龙治水”的现象。我国入河排污口管理权限归水利行政主管部门，非入河的水污染物排放管理权限归环保行政主管部门，而美国、澳大利亚、英国、法国、日本等国则主要由各级政府的环保行政主管部门单一管理。我国的这种“多龙治水”的水环境管理体制，有利于提供全面、真实、准确的水环境信息，但部门间权责并不完全明晰。而单一部门管理更有利于水污染物排放的统一管理，污染控制效率更高。

②尽管入河排污口管理信息正逐步走向公开，但是公众参与较少。目前，我国的入河排污口大部分没有明显标志，也没有建立相关的公示制度，公众对排污口的了解相对不足，在一定程度上影响了受入河排污口影响较大的周边公众这一最大利益相关群体对排污口的有效、合理监督。为完善管理制度，我国部分流域和地区正尝试开展入河排污口规范化整治试点，拟由监管部门建立入河排污口标志牌，但是由于法律依据不充分、责任主体不明确，影响了该项工作的开展。美国等国家则从法律、制度上保障了公众对周边入河排污口状况的了解、监督权利，并鼓励公众积极参与环境管理。

③我国入河排污口管理以行政手段为主，而国外以经济手段为主。当前，我国入河排污口管理以行政法规为依据，以根据水功能区纳污能力计算的纳污红线为入河污染物总量控制基础，以入河排污口设置的行政审批为根本，以排污量逐年按比例削减的行政命令为途径。而美国、澳大利亚、德国等国主要以排污权交易制度这一基于数量的经济手段实现入河污染物总量控制目标。具体是在满足环境要求的前提下，建立合法的排污权，并允许这种权利像商品一样被买入和卖出，以此控制入河污染物总量，协调经济发展。它实质是通过模拟市场来建立排污权

交易市场，排污者从自身利益出发，对比其治污成本和排污权交易价格，自主决定污染物的排放状况，从而买入或卖出排污权。

④我国入河排污口监督管理成本较高，而国外的管理成本较低，管理目标相对容易实现。我国各级政府通过签订污染物排放量削减目标责任书，限定各地区一定时间内的入河排污总量，对各地区允许的排污量控制缺乏弹性。事实上，各地合理的排污需求很难准确计算，各地污染控制成本也存在差异。国外实施的排污权交易制度，可以通过市场调节排污主体的排污需求，提高排污者的污染治理积极性，在保证环境目标的前提下，降低流域范围内的污染控制成本。近年来，我国部分流域和地区也尝试进行了水污染排放权交易和生态补偿的试点工作，取得了一定成效，但总体措施仍然是以污染物逐年削减的目标责任考核制度为主，流域内各地区的排污控制缺少变通性，不利于环境、经济和社会的协调发展。

⑤我国的入河排污口监测不完善，而国外许多发达国家建立了较为全面的监测体系。目前，我国入河排污口监测工作开展状况在各流域和各地区存在较大差异，很多地方的监测不到位，甚至对排污口数量、分布、排污规模等都不完全清楚，导致污染控制因基础数据缺乏而变得尤为困难。而美国、英国、法国等国建立了较为全面的入河排污口监测网络和完善的监测体系，并及时公开监测结果，有力地促进了入河排污量的有效监督。

⑥我国入河排污口管理侧重于排污口设置的初始管理，而国外则实施全过程管理。我国颁布施行的《入河排污口监督管理办法》主要规范了新增入河排污口的设置申请、受理、论证、审批、决定等，对新增入河排污审查较为完善，但是对已有入河排污口的排污过程管理和废弃排污口的退出机制缺少明确的规定。虽然部分地区开展了入河排污口整治，取缔了一些非法设置的入河排污口，但阶段性的整治工作缺乏长效机制，治理成效容易反弹。而美国等西方国家则着重实施全过程管理，对入河排污和排污许可变更过程进行监督和管理，新增和已有排污口的管理相互关联、互为支撑。

第 3 章

流域主要风险物质及其分布特征调查

海河流域地处我国北方半干旱地区，经济发达，城市和工业集中，流域水污染成因过程复杂。非常规水源补给和石化、冶金等行业的大量分布，造成了独流减河污染来源多样化。而沿河村镇人为活动的干扰和人工水力调控的影响也使得独流减河流域水环境更加复杂。作为海河南系重要的排洪河道，独流减河承接大清河、子牙河来水的同时，也收纳了周边城镇居民区的大量生活和工农业污水，水环境质量堪忧。同时，独流减河通江连海，中下游区域分布有包括北大港、团泊洼在内的数座湿地及水库，是海河流域南系重要的生态廊道。独流减河水环境中的毒害污染物不仅影响河流水质，还会对水生生物乃至整个水生生态系统带来潜在的风险。

因此，对独流减河流域风险物质开展甄别和筛查，明确其污染来源、分布特征和风险程度，将为流域河流污染的风险辨识提供基础，为提出相应的风险管理策略提供数据支撑，同时直接关系到“十三五”时期河流生态修复目标的完成。

3.1 独流减河流域沉积物有机风险污染物初步甄别筛查

3.1.1 沉积物调查分析方法选择与优化

（1）采样点布设与样品采集

本研究采样点布设充分兼顾独流减河沿岸村镇、农田等不同土地利用类型区域，并考虑团泊洼、北大港湿地两处重要生态节点，在独流减河干流以沿河均等距离布设采样点，其中下游宽河槽两侧水道分别布设采样点；在团泊洼湿地东西两岸布设采样点，北大港湿地面积较大，南北跨度长，因此在东、西、南三侧各布设一处采样点。

其中，独流减河干流设 10 个采样点，编号 R1～R10，重要生态节点设 5 个采样点，编号 W1～W5，其中团泊洼水库 2 个采样点，北大港水库 3 个采样点，沉积物采样点分布如图 3-1 所示。

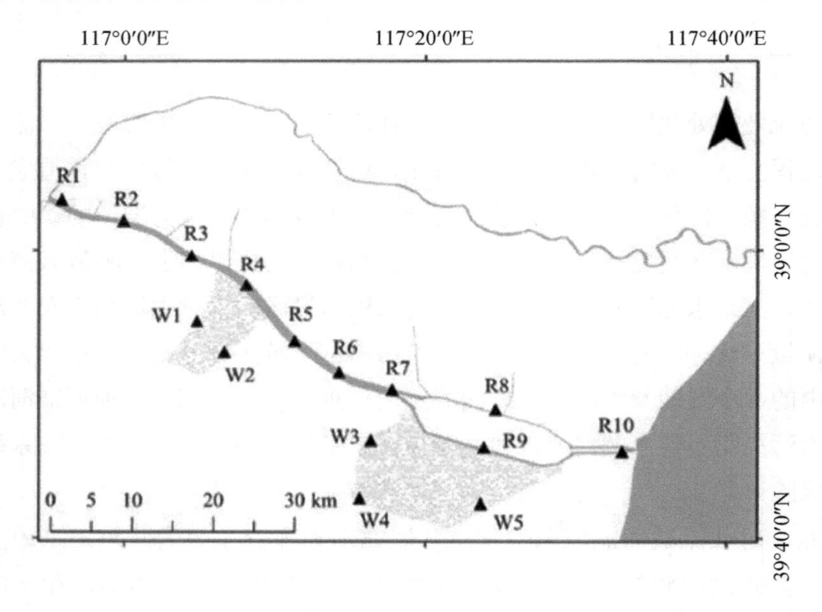

图 3-1 独流减河流域表层沉积物采样点示意

表层沉积物样品以不锈钢抓泥斗采取，使用锡箔包裹，沉积物样品中混入约 1 g 叠氮化钠搅拌均匀以避免微生物干扰。样品在冷冻条件下运回实验室并尽快进行前处理。

（2）分析方法确定

选择超声萃取法对沉积物样品进行前处理。使用丙酮/二氯甲烷浸提冻干沉积物样品，使用 LC-Si 固相净化柱去除样品中的杂质，样品使用高纯氮气进行浓缩。具体步骤如下：

称取 1 g 经冻干和研磨过筛的样品放入玻璃离心管中，加入 2 g 无水硫酸钠和

2 g 铜粉以去除样品中水和硫的影响。加入 20 mL 丙酮-二氯甲烷混合液（体积比 1∶1）作为提取溶剂，以铝箔封口，摇匀并静置 2 h 以上。在 30℃下超声水浴振荡提取 20 min，随后以 1 800 r/min 的转速离心 5 min，取上清液过有机滤头后收集至浓缩瓶中。提取和离心共重复 3 次，收集的上清液在 30℃水浴条件下氮吹浓缩至 2 mL 左右，以便进行下一步的净化处理。

使用 LC-Si 固相净化小柱对样品进行净化，先用 5 mL 二氯甲烷和 10 mL 正己烷依次活化净化柱，将待净化的样品加载至净化柱上，并用 2 mL 正己烷润洗容器，将润洗液一并转移至小柱中（图 3-2）。保留液面浸润 5 min 后，打开控制阀，缓慢弃去流出液，在此过程中保证净化柱填料不暴露出液面。随后使用 10 mL 二氯甲烷-正己烷混合液（体积比 3∶7）分 3 次洗脱净化柱，收集洗脱液，在高纯氮气下浓缩至近干，以 1 mL 正己烷复溶定容待测（图 3-3）。

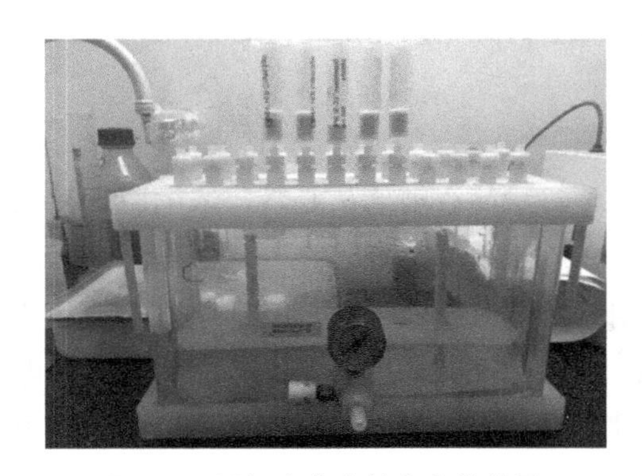

图 3-2　固相净化小柱和净化装置

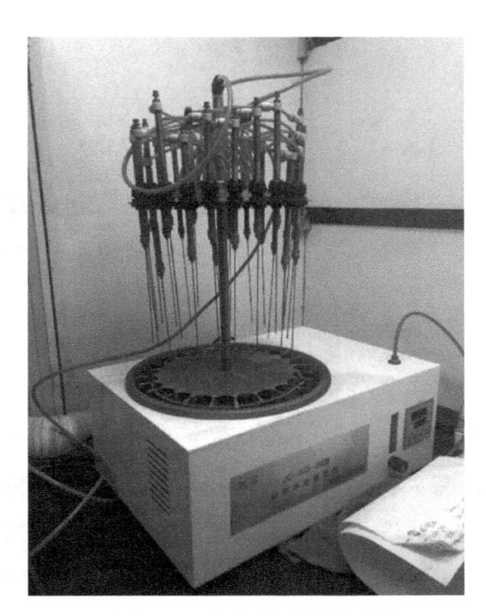

图 3-3　多通道水浴氮吹仪

使用全二维气相色谱-飞行时间质谱联用仪（GC×GC-TOF MS）（图 3-4）对经前处理后的表层沉积物提取液样品进行有机物筛查分析，仪器检测参数设置如下：第一维色谱柱选择为 Rtx-5Sil-MS（30 m×0.25 mm×0.25 μm），第二维色谱柱选择为 Rxi-17（2 m×0.1 mm×0.1 μm）。不分流进样，载气为氦气，载气流速 1 mL/min，调制周期 10 s，热吹时间 4 s，进样口温度 300℃。样品分析采用程序升温，一维升温程序为：初始 50℃保持 0.2 min，以 10℃/min 的速率升温至 100℃，随后以 5℃/min 的速率升温至 300℃，保持 25 min。二维补偿温度为 5℃。质谱条件：离子源温度 250℃，传输线温度 280℃，检测电压 1 570 V，电离电压−70 eV，采集质量数为 50～520 u，采集频率 50 Hz。

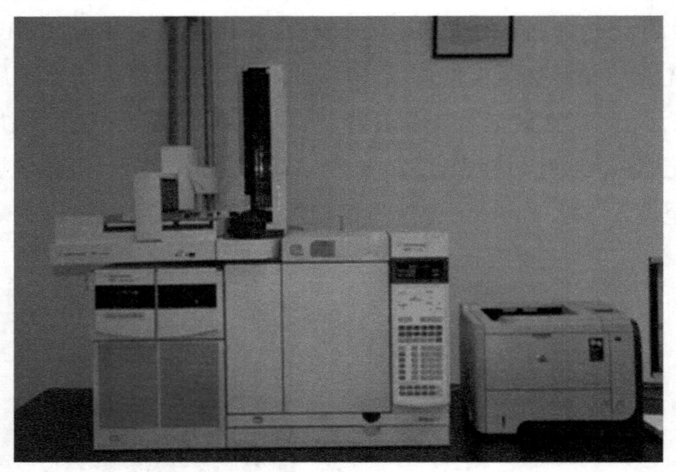

图 3-4　全二维气相色谱-飞行时间质谱联用仪

（3）质量控制

实验分析所用的所有的玻璃仪器（烧杯、量筒、玻璃离心管、浓缩瓶等）均先在铬酸洗液（重铬酸钾∶水∶硫酸为 1∶2∶20）中浸泡 4 h，然后用自来水和蒸馏水将残液清洗干净，烘干后再次使用有机溶液超声处理，分别用自来水、超纯水冲洗干净，在烘箱 150℃下烘干 2 h，去除可能残留的各类杂质。实验所用无水硫酸钠预先在马弗炉中以400℃温度灼烧，铜粉经酸洗处理。所用有机试剂均为色谱纯级别。所有前处理过程在洁净的通风橱中进行，以避免其他杂质干扰。

3.1.2　有机风险污染物甄别筛查结果

（1）仪器分析与结果

运用全二维气相色谱-飞行时间质谱联用方法对独流减河流域干流河道及重

要生态节点团泊洼、北大港湿地表层沉积物进行有机风险污染物初步甄别筛查，通过对比 NIST11 标准谱库对样品色谱峰进行检索，选定匹配度 600 对有机化合物进行定性，结果显示，所采集的沉积物样品中共分离出 1 000 种以上成分，根据特征离子碎片和保留时间进行初步定性，独流减河流域表层沉积物有机污染物类别主要包括化工原料、药品及个人护理品、农药、多环芳烃及其取代物等，其中，多环芳烃及其取代物共检出 40 种以上，在各点位检出率高于 50%的污染物共 200 多种，主要包括酚类、酞酸酯类和多环芳烃类（图 3-5）。

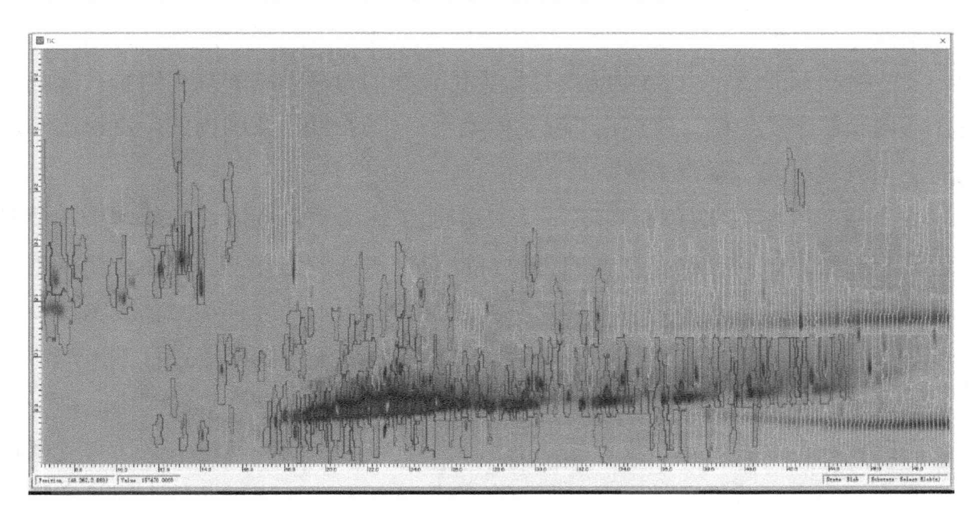

图 3-5　独流减河流域沉积物样品有机物筛查谱图

（2）确定重点关注有机风险污染物

独流减河流域沉积物有机风险污染物初步筛查结果表明，多环芳烃类和酚类污染物具有较高的检出率，在独流减河干流和中下游重要生态节点团泊洼、北大港湿地表层沉积物中广泛分布。

多环芳烃（Polycyclic Aromatic Hydrocarbons，PAHs）是由两个或两个以上苯环按线状、角状或簇状的形式排列在一起的一类芳香稠环及非稠环碳氢化合物。多环芳烃的种类较多，目前已经发现的多环芳烃及其衍生物已超过 400 种，且部分已被证实对人体和生态环境具有潜在的毒性效应，主要表现为致癌性、致畸性和致突变性。多环芳烃是惰性很强的烃类化合物，化学性质稳定，在环境中虽然含量很低，却广泛存在于大气、水体、土壤、沉积物、作物和食品等环境中。

酚类化合物属于毒性很强的有机污染物，广泛存在于石化、印染、农药等行业，在工业上，酚类大量用于制造酚醛树脂、高分子材料、离子交换树脂、合成纤维、染料、药物、炸药等。酚类化合物为原生质毒物，属高毒物质，可侵入人体的细胞原浆，使细胞失去活性，直至引起脊髓刺激，导致全身中毒。自然界存在的酚类化合物有 2 000 多种，其中部分酚类化合物除具有直接毒害效应以外，还可以通过影响生物的内分泌系统，导致生物激素水平紊乱，从而产生生殖毒性，造成畸变、发育异常和生殖异常，因此被列入“环境内分泌干扰物”行列。壬基酚、辛基酚和双酚 A 等污染物既具有酚类化合物的典型结构和理化特征，又具有潜在的内分泌干扰风险，被称作“酚类雌激素”，其在世界范围内的广泛检出和造成的生态风险引起了重点关注。

独流减河流域石化行业分布广泛，小型加工作坊数量众多，纺织印染和塑料制造等产业密集，同时存在较多的村镇畜禽散养和规模化养殖，上述行业在生产过程中均产生大量含有多环芳烃类及酚类污染物的污水、废气和固体废物。多环芳烃和酚类污染物随污水直排、地表径流冲刷和大气干湿沉降等过程进入河流水体，并在吸附和沉降作用下汇集至沉积物中，使沉积物受到严重的污染。由于独流减河流域人口众多，日常生产生活对河流干扰较大，同时河道水文情势受闸坝调度影响，在高干扰的条件下，表层沉积物易受到干扰，通过孔隙水释放和颗粒物再悬浮的方式，使得富集的污染物再次分布在水体环境中。随着底栖动物、鱼类等水生动物的长期接触和摄食，通过食物链逐渐传递累积，达到足够产生毒害效应的浓度，威胁到流域内鸟类和人类的健康。

鉴于多环芳烃危害的严重性，美国国家环境保护局在 20 世纪 80 年代初便将 16 种多环芳烃作为环境中的优先控制污染物，我国也已将某些多环芳烃作为环境污染指标。而在酚类污染物中，壬基酚、辛基酚、双酚 A 等污染物具有较强的生物富集性，同时因其存在潜在的内分泌干扰作用而受到广泛关注。基于较高的环境检出率、潜在的生态风险和毒害效应，以及在独流减河流域具有广泛的来源和污染途径，因此，在有机风险污染物初步甄别筛查的基础上，将 16 种典型多环芳烃和 3 种酚类雌激素（壬基酚、辛基酚和双酚 A）作为重点关注对象，对其进行进一步的定量检测分析和生态风险初步评价。

3.2　重点有机风险污染物定量分析与评价

3.2.1　工作思路

选取 16 种典型多环芳烃和 3 种酚类雌激素作为重点有机风险污染物。在初筛结果的基础上，为进一步研究有机风险污染物在独流减河流域表层沉积物中的赋存情况和分布特征，选用合适的分析技术手段，对上述重点有机风险污染物进行定量分析，根据各采样点的检出含量判断沉积物污染程度，结合区域土地利用和产业结构现状，分析其可能的污染来源和途径，并使用成熟的风险评价方法对其可能造成的生态风险进行初步评估。以期为独流减河流域沉积物有机风险污染物优先控制清单的建立提供数据支撑，并为其减毒措施和风险防控策略方案的制定提供依据。

3.2.2　分析方法

多环芳烃类和酚类雌激素污染物同属于疏水性有机污染物，但由于其理化性质存在差异，因此在样品前处理和仪器分析方法的选择上侧重点有所不同，目前常见的有机物检测仪器主要基于色谱-质谱联用技术，其中又以气相色谱-质谱联用仪和液相色谱-质谱联用仪使用最为广泛，由于两者可测定的物质性质不同，常互补使用进行有机物的检测。

选取气相色谱-质谱联用法（GC-MS）对多环芳烃类物质进行定量分析，液相色谱-质谱联用法（LC-MS）则用于沉积物样品中酚类雌激素的分离和定量检测。适用于上述两种检测技术的沉积物样品前处理方法和仪器分析参数条件根据相关规范标准和前期研究总结形成的可靠分析流程进行优化使用，具体方法和参数如下。

3.2.2.1　多环芳烃分析方法

称取 2 g 经冻干和研磨过筛的样品放入玻璃离心管中，加入 2 g 无水硫酸钠和 2 g 铜粉以去除样品中水和硫的影响。加入回收率指示物氘代多环芳烃，在溶剂完全挥发后，加入 20 mL 丙酮-二氯甲烷混合液（体积比 1∶1）作为提取溶剂，以铝箔封口，摇匀并静置 2 h 以上。在 30℃下超声水浴振荡提取 20 min，随后以 1 800 r/min 的转速离心 5 min，取上清液过有机滤头后收集至浓缩瓶中。提取和离心共重复 3 次，收集的上清液在 30℃水浴条件下氮吹浓缩至 2 mL 左右，以便进行下一步的净化处理。

使用 LC-Si 固相净化小柱对样品进行净化，先用 5 mL 二氯甲烷和 10 mL 正己烷依次活化净化柱，将待净化的样品加载至净化柱上，并用 2 mL 正己烷润洗容器，将润洗液一并转移至小柱中。保留液面浸润 5 min 后，打开控制阀，缓慢弃去流出液，在此过程中保证净化柱填料不暴露出液面。随后使用 10 mL 二氯甲烷-正己烷混合液（体积比 3∶7）分 3 次洗脱净化柱，收集洗脱液，在高纯氮气下浓缩至近干，以 1 mL 正己烷复溶定容待测。

使用 GC-MS 对多环芳烃类污染物进行定量分析检测，采用 PerkinElmer Clarus 680-SQ8 型气相色谱-质谱联用仪，检测器为 70 eV 离子源的质量选择检测器（MSD），色谱柱选用 DB-17MS 石英毛细管柱（30 m×0.25 mm×0.25 μm）。载气为高纯氦气，流速为 1.2 mL/min，不分流自动进样 1 μL，柱头压 66.9 kPa（9.7 psi）。定量分析采用选择离子扫描（SIM）方式（图 3-6）。进样口温度 280℃，检测器温度 280℃。升温程序：初始温度 60℃持续 1 min，以 20℃/min 速率升至 110℃，保留 3 min；再以 20℃/min 速率升至 280℃，保留 3 min。

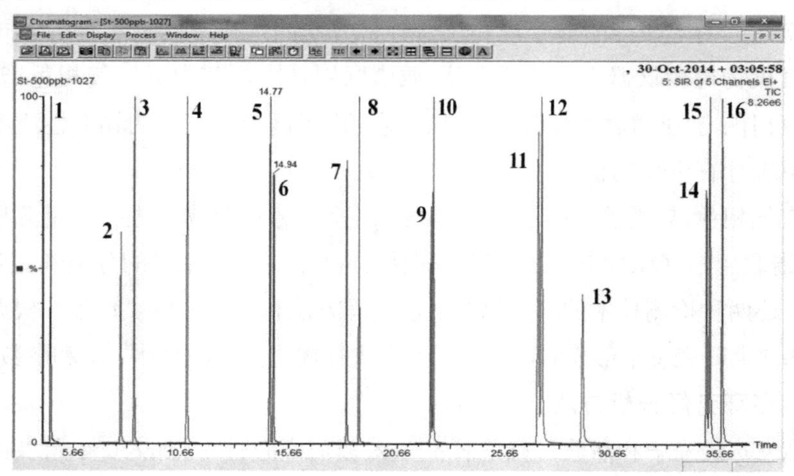

注：16 种多环芳烃分别为（按出峰顺序）：1—萘（Nap）、2—苊烯（Acy）、3—苊（Ace）、4—芴（Fluo）、5—菲（Phe）、6—蒽（Ant）、7—荧蒽（Flua）、8—芘（Pyr）、9—苯并[*a*]蒽（BaA）、10—䓛（Chry）、11—苯并[*b*]荧蒽（BbF）、12—苯并[*k*]荧蒽（BkF）、13—苯并[*a*]芘（BaP）、14—茚并[1,2,3-*c*,*d*]芘（IncdP）、15—二苯蒽（DBA）、16—苯并[*g*,*h*,*i*]苝（BghiP）。

图 3-6　多环芳烃在 SIM 扫描模式下的选择离子流图

3.2.2.2　酚类雌激素分析方法

称取 5 g 冻干沉积物于 30 mL 玻璃离心管中，加内标物质各 100 ng 混匀，虚掩锡箔纸在通风橱下使溶剂挥发，并置于−4℃中过夜，隔天进行提取。提取时每个样品加入 10 mL 乙酸乙酯：甲酸=50：1（*V*/*V*）混合液，涡旋混匀 1～2 min，随后超声 15 min，然后在 1 300×*g* 下离心 10 min，合并上清液并于高纯氮气下浓缩近干。依次用 5 mL 甲醇、5 mL 乙酸乙酯及 10 mL 正己烷活化 Florisil 柱。先以 2 mL 正己烷复溶吹干样品并加载于净化柱中，重复两次并弃去流出液（流出液经测定不含目标物质）；再以 2 mL 乙酸乙酯溶解样品 3 次，加载样品于净化柱中并收集流出液。将流出液在高纯氮气下吹至近干，重新以1 mL 甲醇定容，定容后溶液过 0.22 μm 有机相尼龙滤膜，并转移至 2 mL 棕色色谱瓶于−20℃保存待测。

酚类雌激素采用液相色谱［Agilent1200rrlc 串联质谱（Agilent G6460A Triple Quadrupole］进行测定，色谱柱选用 Agilent SB-c18（3.0 mm×100 mm，1.8 μm）（图 3-7）。质谱条件统一为干燥气温度 350℃，干燥气流速 8 mL/min；毛细管电压 3 500 V；喷雾气压力 50 psi；鞘气流速 12 mL/min，鞘气温度 350℃。酚类雌激素测定时采用 ESIC-模式，柱温为 40℃，进样量为 10 μL，流动相为超纯水（A）和乙腈（B），梯度洗脱程序为（0 min，46%B）、（12 min，70%B）、（18 min，95%B）、（20 min，100%B），流速为 0.3 mL/min。

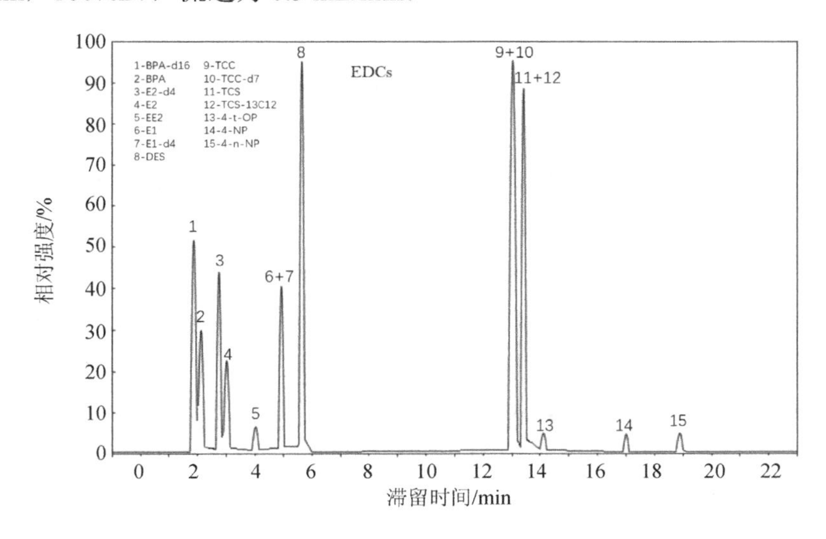

图 3-7　酚类雌激素在 LC-MS/MS 中的全色谱图

3.2.2.3 质量控制

实验分析所用的所有的玻璃仪器（烧杯、量筒、玻璃离心管、浓缩瓶等）均先在铬酸洗液（重铬酸钾：水：硫酸为 1：2：20）中浸泡 4 h，然后用自来水和蒸馏水将残液清洗干净，烘干后再次使用有机溶液超声处理，分别用自来水、超纯水冲洗干净，在烘箱 150℃下烘干 2 h，去除可能残留的各类杂质。实验所用无水硫酸钠预先在马弗炉中以 400℃温度灼烧，铜粉经酸洗处理。所用有机试剂均为色谱纯级别。所有前处理过程在洁净的通风橱中进行，以避免其他杂质干扰。

在方法建立及样品测定过程中，所有样品均进行 QA/QC 样品（空白加标及方法空白）测定，方法空白用以控制整个实验流程中的外界环境及人为因素所造成的样品污染；实验过程中的准确性则由空白加标样品控制。所有实验样品均完成 3 个平行测定获取平均值。每次样品测定使用重新配置的标准曲线进行上机测定，所有标准曲线上机测定线性回归均需达到回归系数 0.998 以上方进行样品测定。加标回收率实验结果显示，样品前处理过程中标样回收率达 88%～116%，检出限为 0.39～4.29 ng/L，满足定量分析要求。

3.2.3 分析结果

3.2.3.1 表层沉积物多环芳烃定量分析结果

沉积物中多环芳烃类有机风险污染物的定量检测分析结果显示，在独流减河干流与中下游重要生态节点团泊洼、北大港湿地的表层沉积物样品中，16 种多环芳烃均存在不同程度的检出。其中，Acy（苊烯）、Ace（苊）、Fluo（芴）、Phe（菲）、Ant（蒽）、Flua（荧蒽）和 Pyr（芘）7 种物质在各采样点中检出率为 100%。BaA（苯并[*a*]蒽）和 Chry（䓛）检出率均为 86.7%，且均在 R6 和 R8 采样点未检出。NaP（萘）在 R2、R9 和 W5 采样点未检出，检出率为 80%；检出率较低的物质为 DBA（二苯蒽）和 IncdP（茚并[1,2,3-*c*,*d*]芘），均仅在 5 个采样点检出，检出率低于 50%。

在含量方面，表层沉积物中 16 种多环芳烃总含量（ΣPAHs）平均值为 1 717.66 ng/g，含量范围为 609.6～5 612.01 ng/g。ΣPAHs 含量最高的采样点为 W4，最低为 R5 采样点。两处湿地 5 个采样点的ΣPAHs 含量平均值为 2 849.26 ng/g，是独流减河干流采样点ΣPAHs 含量平均值（1 151.86 ng/g）的 2 倍以上，表明湿地表层沉积物中多环芳烃的含量更高。在各单体多环芳烃的分布方面，16 种多环芳烃含量范围为 1.46～2 054.78 ng/g，平均含量为 132.13 ng/g。沉积物中多环芳烃的种类主要以中低环数的芳烃为主，其中芘、菲、荧蒽在沉积物中的平均含量相对较高，分别达到 604.87 ng/g、340.91 ng/g 和 191.73 ng/g，上述 3 种物质的最高检测值均超过 1 000 ng/g，Phe 最高检测值达到 2 054.78 ng/g，在沉积物中的含量水平较高。

在空间分布方面，独流减河干流表层沉积物中多环芳烃含量自上游至下游呈现出先降低再上升的趋势，这可能与河道两侧的城镇居民分布有关，河流上游和下游多村镇，人口密集，产业分布广泛，除工业排放外，汽车尾气、煤和木材等燃料的使用都高于中游段以农田为主的区域，因此多环芳烃的使用排放量较高，导致最终汇聚在独流减河上游和下游河段表层沉积物中的含量较高，中游流经农村河段表层沉积物中的多环芳烃含量较低。而团泊洼、北大港湿地表层沉积物中的多环芳烃含量则相比河流沉积物中要高，相对于河道，湿地的水流较缓，沉降作用相对更强，同时湿地植物丰茂，枯萎植被等有机质进入沉积物环境中能够促进有机污染物质的吸附，导致湿地表层沉积物中的多环芳烃含量高于独流减河干流。北大港湿地表层沉积物中多环芳烃总含量高于团泊洼湿地，其中 W4 采样点 ΣPAHs 最高，达到 5 612.01 ng/g，高于团泊洼湿地采样点 2 倍以上，高于干流河段沉积物 ΣPAHs 9 倍以上。该采样点较高的多环芳烃含量可能与其靠近南大港油田受到石化工业废物的污染有关（图 3-8）。

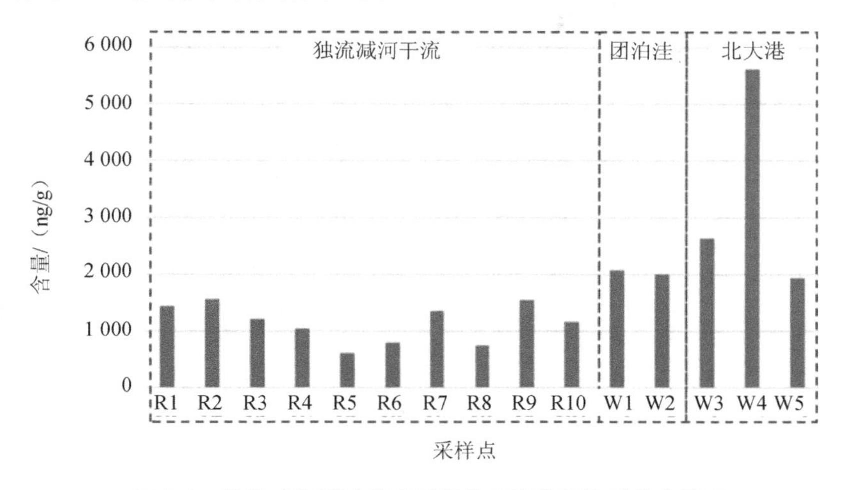

图 3-8　独流减河流域表层沉积物多环芳烃总量分布情况

在成分组成方面，16 种多环芳烃中含量占比最高的单体多环芳烃为芘，其含量平均占比为 37.94%，最高占比为 60.19%，出现在团泊洼湿地东岸 W2 采样点处，在独流减河干流 R8 采样点和团泊洼湿地西岸 W1 采样点的含量占比也超过了 50%。表层沉积物中芘含量占比超过 30%的采样点数量达到了 11 个，而在 12 个采样点中，芘的含量占比为所有多环芳烃中最高的，即表明芘在上述采样点中为最主要的单体多环芳烃污染物组分。除芘之外，菲和荧蒽也具有较高的含量占比，占多环芳烃总量的比例平均值分别为 16.08%和 8.95%。其中，菲在所有采样点中的含量占比均超过了 10%，其中在 R5 采样点达到 28.68%，最高含量占比为 36.61%，出现在北大港湿地南侧 W4 采样点，上述两个采样点中菲的含量占比高于芘，为主要污染物组分。荧蒽在独流减河干流上游 R2 采样点中的含量占比达到 19.73%，超过了芘和菲，成为该采样点的主要组分。此外，荧蒽在 4 个采样点中的含量占比超过了 10%，最高值为 21.87%，出现在北大港湿地南侧的 W4 采样点。

综上所述，在独流减河流域中，表层沉积物多环芳烃含量较高，呈现出上下游村镇河段高于中游农田河段、湿地高于河流干流的分布特征。中低环数的多环芳烃检出率高于高环数多环芳烃，在各单体多环芳烃中，芘、菲、荧蒽在沉积物中的平均含量相对较高，也是表层沉积物多环芳烃中主要的组成成分（图 3-9）。

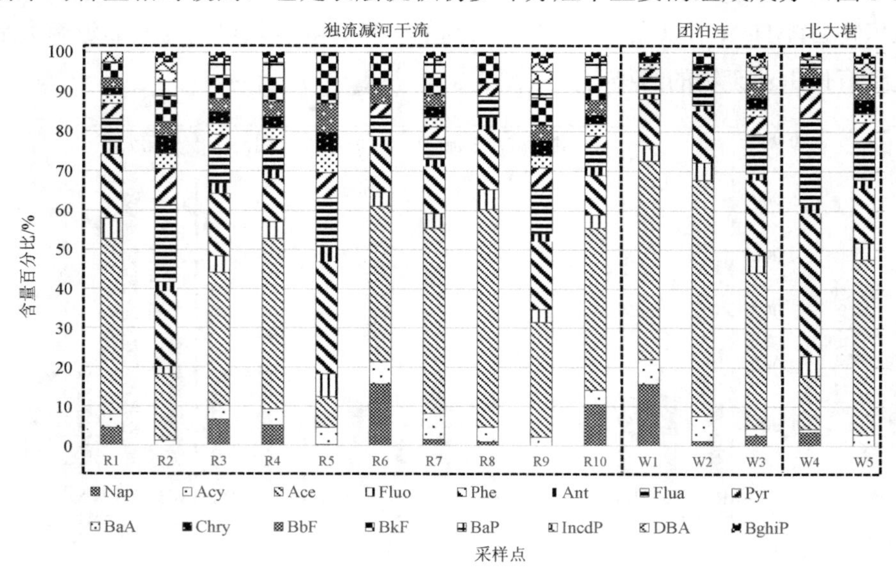

图 3-9　独流减河流域表层沉积物单体多环芳烃组成比例分布

3.2.3.2　表层沉积物酚类雌激素定量分析结果

检测结果显示，在独流减河干流与中下游重要生态节点团泊洼、北大港湿地的表层沉积物样品中，3 种酚类雌激素壬基酚（4-NP）、辛基酚（4-t-OP）和双酚 A（BPA）在独流减河流域各采样点均有检出，其含量范围分别为 153.54～1 271.54 ng/g、90.72～604.88 ng/g、83.45～544.39 ng/g。其中，壬基酚平均含量最高，达到 616.07 ng/g，其次为双酚 A 和辛基酚，平均含量分别为 279.30 ng/g 和 266.83 ng/g。酚类雌激素总量的含量范围为 458.03～2 189.67 ng/g，平均含量为 1 162.19 ng/g。最高值出现在北大港湿地东侧 W5 采样点处，最低值位于独流减河下游入海口附近的 R10 采样点处（图 3-10）。从空间分布上来看，酚类雌激素在独流减河干流呈现出与多环芳烃相似的分布特征，上游城镇河段沉积物中含量高于中游农田河段，河流下游宽河槽附近采样点内分泌干扰物含量出现了小幅度上升，而入海口附近的采样点含量则较低。酚类雌激素在日常生活中广泛使用，其排放途径包括畜禽养殖、个人护理品和洗涤剂使用，以及印染、塑料加工和乳化剂加工等工业生产过程。由于独流减河沿岸村镇较多，规模化养殖场以及小型加工作坊数量庞大，加之该区域污水收集与处理率低，生活污水、养殖废水和小作坊加工废水均存在散排现象，导致酚类雌激素随污水进入河道水环境，并最终汇聚在沉积物中。团泊洼和北大港湿地表层沉积物中的含量高于干流，推测是由于两处湿地周边养殖业分布较多，酚类雌激素作为农业乳化剂等原料的使用量较大，且进入湖库后水流较缓，沉降作用较强。而独流减河下游入海口处酚类雌激素含量的降低则可能与潮水稀释有关。

在酚类雌激素的组成比例方面，壬基酚的含量占酚类雌激素总含量的比例平均值为 51.71%，壬基酚在表层沉积物中最高含量占比达到 72.44%，位于独流减河干流 R8 采样点，在 R9 采样点中的含量占比最低，为 28.01%。其在所有采样点中的含量占比均超过了 40%，并在其中 10 个采样点中占比达到 50%以上，除 R9 和 R10 采样点以外，壬基酚是其他采样点表层沉积物中酚类雌激素中最主要的组成成分。辛基酚与双酚 A 在表层沉积物中含量所占的平均比值相近，分别为 24.89%和 23.40%，其中辛基酚在 R9 和 R10 采样点中含量较高，占酚类雌激素总含量的比值分别达到 54.97%和 48.26%，是该采样点中酚类雌激素的主要组成成分。双酚 A 在酚类雌激素含量占比中的贡献较小，在大多数采样点中的含量占比均低于 30%（图 3-11）。

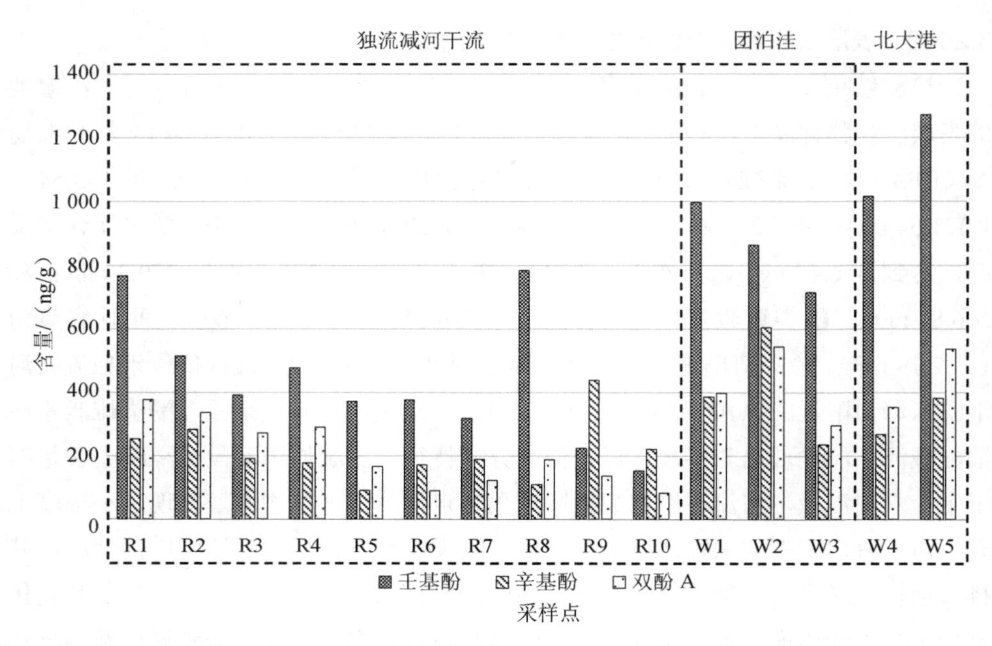

图 3-10　独流减河流域表层沉积物酚类雌激素空间分布

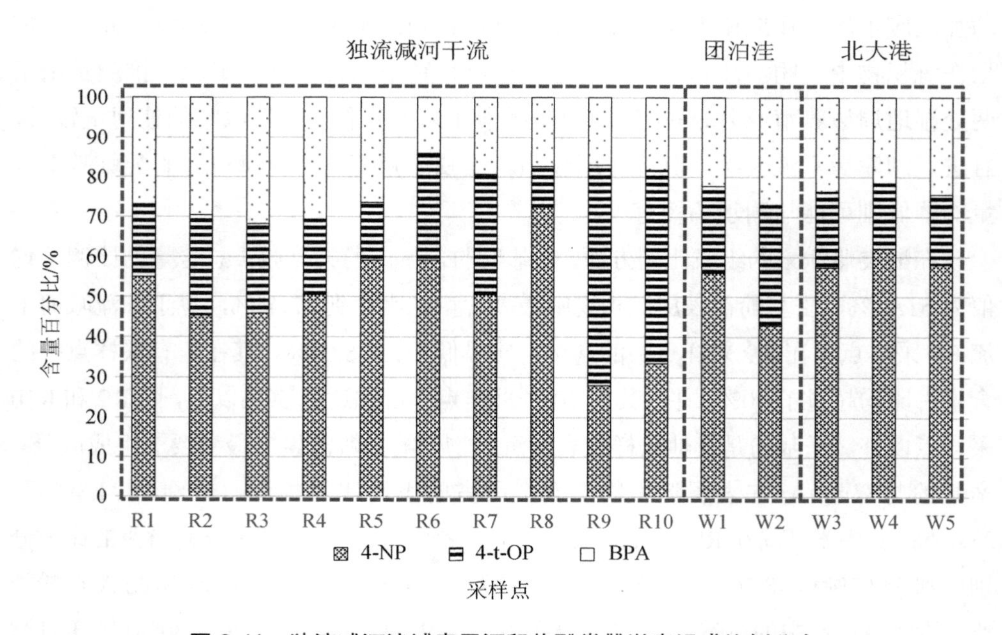

图 3-11　独流减河流域表层沉积物酚类雌激素组成比例分布

3.2.4　生态风险初步评价

在水流波动和人类活动造成的外力干扰下，沉积物中的有机污染物会重新进入水体，造成二次污染。同时，沉积物是沉水植物和底栖动物的重要营养来源，其直接接触与摄食利用会使得多环芳烃和酚类雌激素通过食物链不断传递和累积，最终富集在高级生物和人类体内，造成生态风险和健康毒害效应。为量化评估多环芳烃和酚类雌激素对生态环境造成的毒害效应，同时为有机风险污染物优先控制清单的制定提供依据，应选择合适的方法，对独流减河流域表层沉积物中的有机风险污染物进行生态风险评价。

3.2.4.1　评价方法

由于我国没有现行的沉积物多环芳烃和酚类雌激素质量标准，因此采用当前国内外科研文献中总结的得到认可的沉积物有机污染物生态风险评价方法对独流减河流域表层沉积物有机风险污染物进行潜在毒害效应的初步评估。采用效应区间低中值法对多环芳烃进行生态风险评价，采用风险商值法对酚类雌激素进行生态风险评价。

效应区间低中值法是用沉积物中多环芳烃含量与 ERL（风险评价低值，生态毒害作用＜10%）、ERM（风险评价中值，生态毒害作用>50%）进行比较从而确定其生态毒害可能性的方法，若 PAHs 含量小于 ERL，表明其对生物产生的危害较小，若含量介于 ERL 和 ERM 之间，表明其对生物存在一定程度的危害，若含量大于 ERM，则表明其对生物危害性较大。该评价方法所采用的 ERL 和 ERM 取值分别参考沉积物质量评价标准的取值。

沉积物中多环芳烃 ERM 和 ERL 的取值参考国内外文献进行总结，具体见表 3-1，其中茚并[1,2,3-*c*,*d*]芘（IncdP）暂时无准确的 ERM 与 ERL 取值，因此只对其余 15 种多环芳烃进行潜在生态毒害作用的对比和评价，对多环芳烃总量进行生态风险评价时，∑PAHs 的取值仍为 16 种单体多环芳烃在表层沉积物中含量的总和。

表 3-1 沉积物中多环芳烃效应区间中低值取值

PAHs	评价标准	
	风险评价低值 ERL	风险评价中值 ERM
Nap	160	2 100
Acy	40	640
Ace	16	500
Fluo	19	540
Phe	240	1 500
Ant	85.3	1 100
Flua	600	5 100
Pyr	665	2 500
BaA	261	1 600
Chry	384	2 800
BbF	320	1 880
BkF	280	1 620
BaP	430	1 600
IncdP	—	—
DBA	430	1 600
BghiP	63.4	260
∑PAHs	4 022	44 792

采用风险商值（RQ）法对沉积物中酚类雌激素的生态风险进行初步评价，其计算公式为：

$$RQ=MEC/PNEC$$

式中，RQ —— 风险表征系数即风险商值；

MEC —— 环境样品中实测的酚类雌激素浓度；

PNEC —— 该污染物的预测无效应浓度。

当 RQ 小于 0.1 时，为低风险，RQ 介于 0.1～1 时为中等风险，RQ 大于 1 时，表明污染物存在较高的生态风险。该方法所选取的 PNEC 值参考欧盟相关评价标准中水体预测无效应浓度的数值，并根据污染物的沉积物-水分配系数和沉积物有机碳百分含量进行计算转化为沉积物中的预测无效应浓度，计算公式如下：

$$\text{PNEC（沉积物）}=\text{PNEC（水）}\times K_{oc}\times f_{oc}$$

式中，PNEC —— 酚类雌激素在水体中的预测无效应浓度；

K_{oc} —— 酚类雌激素在沉积物和水中的分配系数。

PNEC 与 K_{oc} 的取值通过查阅文献资料总结取得，具体取值见表3-2，f_{oc} 为沉积物中有机质含量百分比，通过前期研究中的实测数据总结取得，在此处取独流减河流域表层沉积物样品中有机质百分比的平均值 1.84%。

表 3-2　沉积物中酚类雌激素风险商值评价法参数取值

评价参数	污染物		
	4-NP	4-t-OP	BPA
K_{oc}	38 900	18 200	778
PNEC（水）	333	122	1 500
PNEC（沉积物）	238	41	21
f_{oc}	1.84		

3.2.4.2　评价结果

就沉积物中多环芳烃类总含量而言，只有 W2 采样点达到了中等风险水平，其余采样点沉积物中∑PAHs 含量均低于 ERL，暂未对生态环境产生显著的风险。但在单体多环芳烃风险方面存在一定的差异性，在所有调查样本中，单体多环芳烃体现出中等以上生态风险的比例为 27%，高风险样本占比为 3%。苊烯、苊和芴在大多数采样点呈现出中等以上风险。其中，芴在所有采样点表层沉积物中的含量均超过了 ERL 值，显示出中等风险，而苊的潜在风险性更强，有 7 个采样点的沉积物苊含量超过了 ERM 值，意味着其对水生生物可能产生较强的毒害作用，高风险采样点为河流上游的 R1、中游的 R7 以及所有的湿地采样点，表明湿地中表层沉积物更容易受到苊带来的潜在生态风险的威胁。在表层沉积物中苊烯的风险分布方面，有 11 个采样点体现出了中等风险，两座湿地的 5 个采样点全部体现出中等风险，生态风险程度要高于独流减河干流。而菲、萘、蒽和荧蒽分别在 7 个、2 个、1 个和 1 个采样点体现出中等以上生态风险，且具有潜在生态风险的采样点均集中在湿地。总体来看，表层沉积物中单体多环芳烃生态风险的主要贡献者为中低环数的芳烃，而只有苊在部分采样点体现出了高风险。在空间上，团泊洼、北大港湿地采样点体现出生态风险的比率和程度均高于独流减河干流，应引起足够重视（表 3-3）。

表 3-3　独流减河流域沉积物多环芳烃生态风险评价结果

采样点	Nap	Acy	Ace	Fluo	Phe	Ant	Flua	Pyr	BaA	Chry	BbF	BkF	BaP	IncdP	DBA	BghiP	ΣPAHs
R1	低	中	高	中	低	低	低	低	低	低	低	低			低		低
R2		低	中	中	中	低	低	低	低	低	低	低	低	—	低	低	低
R3	低	中	中	中	低	低	低	低	低	低	低	低	低			低	低
R4	低	中	中	中	低	低	低	低	低	低	低	低	低			低	低
R5	低	低	中	中	低	低	低	低	低	低	低	低					低
R6	低	中	中	中	低	低	低	低			低	低					低
R7	低	中	高	中	低	低	低	低	低	低	低	低	低			低	低
R8	低	低	中	中	低	低	低	低				低					低
R9		低	中	中	中	低	低	低	低	低	低	低	低	—	低	低	低
R10	低	中	中	中	低	低	低	低	低	低	低	低	低			低	低
W1	中	中	高	中	中	低	低	低	低	低						低	低
W2	低	中	高	中	中	低	低	低	低	低		低					低
W3	低	中	高	中	中	低	低	低	低	低	低		低	—	低	低	低
W4	中	中	高	中	高	中	中	低	低	低	低		低	—	低	低	中
W5		中	高	中	中	低	低	低	低	低	低		低	—		低	低

注：表中空格表示该采样点未检出相应多环芳烃，“—”表示 IncdP 无相应评价指数，因此暂不进行生态风险评价。

独流减河干流及团泊洼、北大港湿地各采样点表层沉积物中酚类雌激素总量的风险商值为 0.65～25.41，全部采样点的风险商值均大于 0.1，风险商值大于 1 的样本数量占比达到了95.5%，表明酚类雌激素在独流减河流域造成了较高的生态风险。双酚 A 在 3 种污染物中平均风险商值占比最高，平均值达到了 56.99%，表明其是表层沉积物中生态风险的最大贡献者，其次为辛基酚和壬基酚，平均占比分别为 31.15%和 11.86%。其中，双酚 A 在 12 个采样点的表层沉积物风险商值占比最高，在 R6、R9 和 R10 采样点处占比最高的是辛基酚，双酚 A 在独流减河上游 R1～R4 采样点和两座湿地 5 个采样点的生态风险商值均大于 10，团泊洼湿地 W1 采样点和北大港湿地 W5 采样点的商值则高达 25 以上，辛基酚在 R9 和 W2 采样点的风险商值均高于 10，表明双酚 A 和辛基酚在上述区域内呈现出极高的生态风险，对底栖生物和鱼类的水生生物存在较强的潜在毒性（图 3-12）。

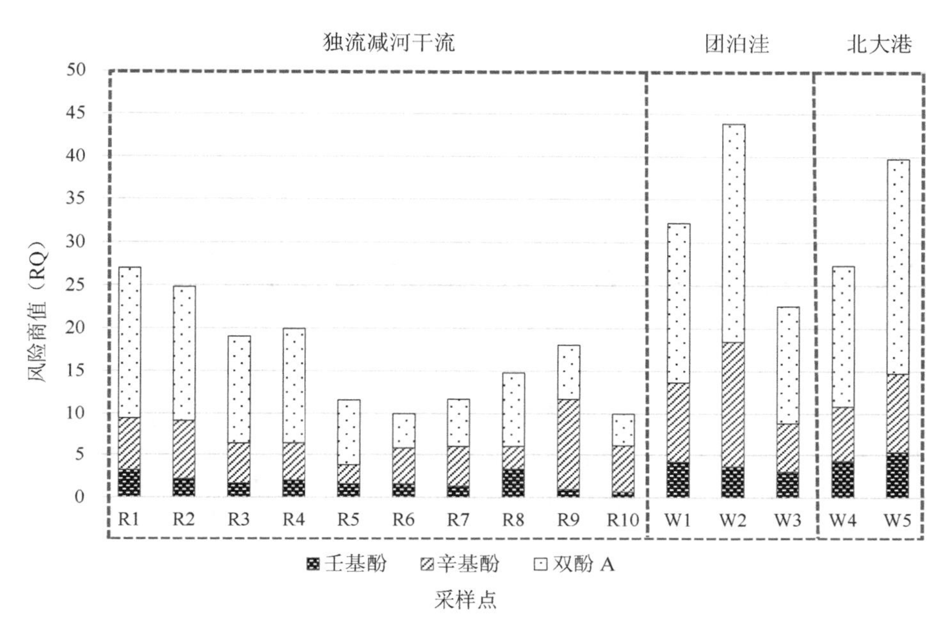

图 3-12　独流减河流域表层沉积物酚类雌激素生态风险评价结果

第 4 章

流域水环境综合管理技术集成与模式构建

本书针对独流减河流域内水环境管理薄弱的问题，开展了流域尺度污染源管理技术集成，开展区域内污染源负荷核算，通过流域农业农村污染源治理技术评估和推广，实现区域内污水不外排，工业源实行排放标准的提标改造，执行新的天津市污水综合排放标准。针对生态空间质量的管理是在生态廊道构建的基础上划定生态红线保护区域，对不同保护区域进行分级管控。对流域内整体水环境质量，则采用基于风险控制的水质、水量、水生态三元平衡的水环境综合管理技术进行统筹管理。最终实现水环境质量和生态环境质量的同步提升、独流减河考核断面主要污染物达标。流程如图 1-4 所示。

4.1 水质、水量、水生态三元平衡的水环境综合管理技术

4.1.1 独流减河水环境健康评价指标体系建立

4.1.1.1 独流减河水环境健康评价指标库构建

（1）河流概况分析

独流减河是人工开挖泄洪河道，起自大清河与子牙河交汇的进洪闸，流经静海区，西青区，津南区，滨海新区的大港、塘沽等行政区域，最后经工农兵防潮闸入海，承接着海河南系中上游大清河、子牙河量大水系入海泄洪，属于人为干扰较强的平原河流类型。独流减河流域地势平缓，见图 4-1，前端进洪闸与末端工农兵防潮闸常年闭合，既可以说独流减河是宽浅型河道，也可以说是受人为和自然双向干扰较大的窄浅型湖泊。

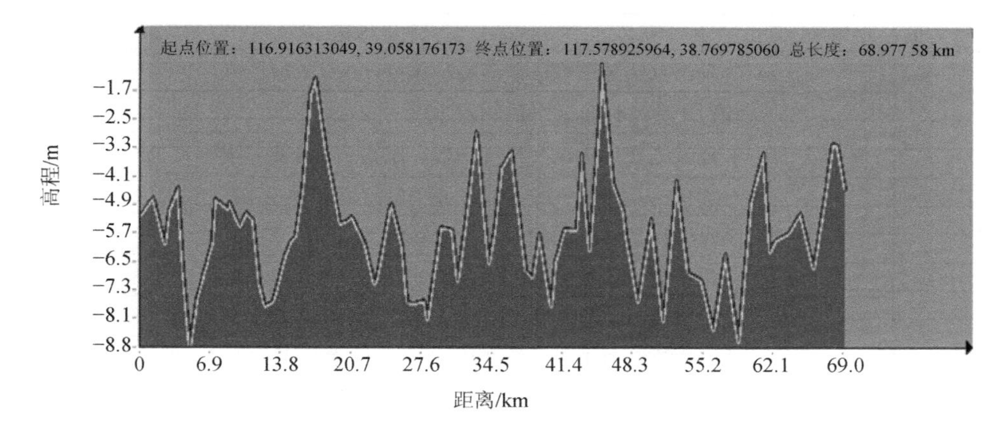

图 4-1　独流减河走势剖面

目前，随着上游水量的减少，河道防洪功能弱化，为截留一定水量同时防止海水倒灌，工农兵防潮闸几乎常年处于关闭状态，大部分河段水深一般不大于 1 m，河槽宽浅，河流滞缓，宽河槽区域形成独特的河槽型湿地。

（2）构建水环境健康评价指标库

本研究的水环境健康评价目标河道为独流减河干流，在平原型河流评价指标库基础上，结合独流减河滨海、人工开挖河道、非均衡补水等特点，构建独流减河水环境健康评价指标库，见表 4-1。

表 4-1　独流减河水环境健康评价指标库

评价方面	评价目标	评价指标
水量（物理完整性）	水文动态特征指标	水位、流速、底泥深度
	生境栖息地指标	河滨带宽度、河滨弯曲度、堤岸稳定性、河床地质类型、植被带宽度
水质（化学完整性）	营养盐状况	氮要素：氨氮（NH_3-N）、总氮（TN）、硝酸盐氮（NO_3^--N）
		磷要素：活性磷（PO_4^--P）、总磷（TP）
	水质状况	物理指标：pH、溶解氧（DO）、电导率（EC）、悬浮物（SS）
		化学指标：五日生化需氧量（BOD_5）、化学需氧量（COD_{Cr}）、高锰酸盐指数（COD_{Mn}）、挥发酚（Phenols）

评价方面	评价目标	评价指标
水生态（生物完整性）	藻类完整性	物种：总物种丰度、硅藻物种丰度
		相对丰度：硅藻物种的相对丰度（%）
		多样性指数：香农多样性指数、Berger-Parker 指数（A_BP）
		藻类群落功能特征类指标：藻类叶绿素 a 含量
		耐污性：敏感种的相对丰度（%）
		生物指数：藻类完整性（A-BI2）
	大型底栖动物完整性	物种丰度：总物种数（M_S）、EPT 物种数（M_EPT_F）
		相对丰度：EPT（%）、襀翅目（%）、蜉蝣目（%）
		功能摄食类型相对丰度：捕食者个体数（%）、刮食者个体数（%）
		耐污种与敏感种：敏感物种数（%）
		生活类型：攀爬者个体数（%）
		生活特征：大型底栖动物移动能力
		生物多样性指数：香农多样性指数、Berger-Parker 指数（M_BP）
		生物指数：大型底栖动物完整性指数（B-IBI）、BWMP 指数（M_BWMP）
	鱼类完整性	物种：总物种数、外来物种数量
		生物量：总生物量、总个体数（Fi_D）
		相对丰度：本地种的相对丰度（%）、入侵种的相对丰度（%）
		敏感种与耐污种：敏感种的相对丰度（%）
		功能摄食性群落：肉食者的相对丰度（%）
		生境需求：底栖物种的相对丰度（%）、冷水鱼的相对丰度（%）
		生殖特征：护卵鱼类的相对丰度（%）
		身体变异：畸形物种的相对丰度（%）
		生物多样性指数：香农多样性指数、Berger-Parker 指数（Fi_BP）
		生物指数：鱼类完整性指数（Fi-BI）

4.1.1.2 独流减河水环境健康评价指标筛选与优化

（1）评价指标筛选原则

河道水质、水量、水生态评价立足于不同的水质保护目标，指标选项既要反映河道的共性，又要体现不同水质保护目标下河道间的差异，因此评价指标的筛选应该遵循以下几项基本原则：

①科学性：概念明确，能够较真实、客观地反映河道系统的基本特征与内涵；

②系统性：能反映河道系统的完整性，全面衡量诸多影响因子；

③层次性：河道系统受内外多种因素影响与制约，在众多因子中，各种因子的作用方式和作用过程不同，评价指标应能反映系统中的主次关系；

④可操作性：能够直接有效地反映河道的状况，运用有限的、关键性指标反映全面的、复杂的内容；

⑤客观性：便于信息化管理，尽可能避免人为因素的干扰；

⑥定性和定量相结合：指标选择既要有定性描述又要有定量分析，应使定性的问题量化，便于比较和分析；

⑦差异性：所选择指标尽可能从不同角度反映河道的特征，剔除多余重复性指标；

⑧推广性：指标体系具有良好的推广性，可广泛应用于人工开挖河道评价，甚至可以推广到周边地区。

（2）独流减河特征分析

独流减河作为人工开挖泄洪河道，具有以下特征：

①流量季节性强，补水不均衡，汛期水量充沛，非汛期水量较少，一些断面呈现断流无水状态；

②受闸控影响较大，独流减河进洪闸、工农兵防潮闸常年闭合，且沿线支流汇入水量很少，独流减河水流动性较差，呈水浅、条状的小型湖泊特性；

③水产养殖、河道清理等人类活动在不同程度上降低了河道的自然性，导致水域生物群落的自然性和多样性降低，水生动植物人工化程度升高，水体自净能力变差；

④人工开挖河道河床比较顺直，纵坡平缓，近年来河道水量较小，缺少冲刷的必要条件，河道淤积比较严重，造成河道底泥污染物含量不断累积。

（3）评价指标筛选

立足于独流减河水质保护目标，根据河道评价指标筛选原则，全面分析独流减河河道特征，对独流减河水环境健康风险评价指标进行优化，优化后的指标库见表 4-2。由于藻类生活周期短、传代速度快，其生命周期易受其所在水体环境中各种因素的影响而在较短周期内反映出来，因此在湖库类水体中将浮游植物指标作为水环境水生物指标的代表。

表 4-2　独流减河水环境健康评价优化指标库

准则层	评价指标	指标描述
水量	水深	河面到河底的纵向深度，水深越大水量越大，自净能力越强
	河面宽度	水面横向垂直宽度，宽度越大水量越大，自净能力越强
	植被量	河流两岸植被覆盖程度，植被量越多，自净能力越强
	干扰度	外界对河流环境的干扰，干扰越大，自净能力越差
水质	pH	水质酸碱性，pH 为 6～9 时，水质较好
	溶解氧（DO）	水体含氧量，溶解氧越大，水质越好
	氨氮（NH_3-N）	水环境综合判断指标，值越大，水质越差
	总氮（TN）	水环境营养盐判断指标，值越大，水体越容易富营养化
	硝酸盐氮（NO_3^--N）	水环境营养盐判断指标，值越大，水体越容易富营养化
	总磷（TP）	水环境营养盐判断指标，值越大，水体越容易富营养化
	五日生化需氧量（BOD_5）	水环境综合判断指标，值越大，水质越差
	化学需氧量（COD_{Cr}）	水环境综合判断指标，值越大，水质越差
	高锰酸盐指数（COD_{Mn}）	水环境综合判断指标，值越大，水质越差
	挥发酚（Phenols）	有机污染物指标，值越大，水质越差
	铜	重金属指标，值越大，水质越差
	锌	重金属指标，值越大，水质越差
	镉	有毒有害重金属指标，值越大，水质越差
	铅	有毒有害重金属指标，值越大，水质越差
	铬	有毒有害重金属指标，值越大，水质越差
水生态	藻类生物量	某一时刻单位面积内实存生活的有机物质总量，可以表示为 1 个体积单位 mg/L，也可以表示为质量单位μg/mg
	细胞密度	每升水体里的生物个体数量，单位 ind/L，值越大，生物越多
	藻类多样性指数	反映藻类丰富度和均匀度的综合指标，值越大，系统越稳定

4.1.2　独流减河水环境健康评价结果分析

4.1.2.1　独流减河采样调查

（1）调查方法

1）水量指标

历年水文站数据、实地勘测、群众访谈。

2）水质指标

定期采集水样并检测。

3）水生态指标

定期采集生物样品并检测。

（2）样品采集点位布置

采样点位于独流减河干流，总计 10 个，分别为 R1～R10，见图 2-3。

（3）样品采集时间与频率设置

采样时间为 2017 年 1—12 月，水样采集频次为每月 1 次，采集周期为 1 年；生物样品采集频次为每季度 1 次，采集周期为 1 年。

（4）采样方法

水质样品采用伸缩式采样杆在水面下 0.5 m 处采集水样 5 L，带回实验室分析检测。

生物样品主要采集浮游生物，包括浮游植物（藻类）、原生动物、轮虫、枝角类和桡足类。浮游植物、原生动物和轮虫采用 25#浮游生物网（网孔 0.064 mm），枝角类、桡足类等浮游动物采用 13#浮游生物网（网孔 0.112 mm）采集样品。将 13#和 25#浮游生物网置于水中，网口在水面以下深约 50 cm 处，做“∞”形反复拖曳，拖曳速度为 20～30 cm/s，时间为 3～5 min。然后将网提起抖动，待水滤去后，打开集中杯，分别倒入贴有标签的标本瓶中，采集约 1 L。按水样体积的 1%～1.5%加鲁哥氏溶液固定后带回实验室。

4.1.2.2　独流减河水环境健康风险评估

（1）水体功能定位

根据《海河流域天津市水功能区划》，独流减河水体分两级体系管理，一级水功能区划从宏观层面解决水资源开发利用与保护的问题，重点协调区域间用水关系，从长远上考虑可持续发展的需求，二级水功能区划主要协调用水部门间的关系，在一级水功能区内根据开发利用区进行划分。按照天津市一级水功能区划，独流减河（进洪闸—工农兵防潮闸）属于开发利用区，远期（2020 年）水质目标为Ⅲ～Ⅴ类；按照天津市二级水功能区划，独流减河分为三类二级功能区，分别为农业用水区、饮用水水源区、工业用水区，远期（2020 年）水质目标分别为Ⅳ类、Ⅲ类、Ⅴ类（表 4-3、表 4-4）。

表 4-3　独流减河二级水功能区

功能区名称	起讫点	近期（2010 年）水质目标	远期（2020 年）水质目标	边界以下监控站点	区划依据
开发利用区	进洪闸—工农兵防潮闸	III～V	III～V	万家码头、十米河口、工农兵防潮闸上等	引黄及规划南水北调输水河段、农业、渔业、工业水源地

表 4-4　独流减河二级水功能区

功能区名称	起始断面	终止断面	近期（2010 年）水质目标	远期（2020 年）水质目标	监控站点
农业用水区	进洪闸	万家码头	V	IV	万家码头
	十里横河	南北腰闸	V	IV	南北腰闸上
饮用水水源区	万家码头	十里横河	日常 V；饮用水输水期间III	III	十号口门、十里横河桥
工业用水区	南北腰闸	工农兵防潮闸	V	V	工农兵防潮闸上

（2）水环境健康目标分区

在独流减河水环境功能分区的基础上，对独流减河各功能区水环境健康分别建立指标体系，根据水质目标管理的基本理念，建立各功能区权重体系和红、黄、绿阈值体系，对河流不同断面进行评价。

1）农业用水区水环境健康指标体系（图 4-2、表 4-5）

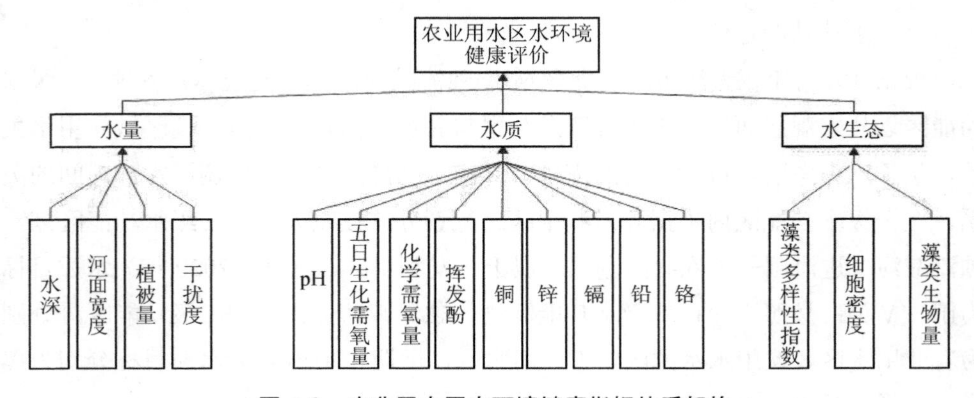

图 4-2　农业用水区水环境健康指标体系架构

表 4-5　农业用水区水环境健康指标体系阈值

准则层	评价指标	权重	阈值（红）	阈值（黄）	阈值（绿）
水量（0.117 2）	水深	0.010 2	0.5 m	0.5～2 m	>2 m
	河面宽度	0.013 6	<500 m	500～1 000 m	>1 000 m
	植被量	0.032 9	地表裸露	地表中度裸露	地表覆被
	干扰度	0.060 5	有大型构筑物	小型构筑物或养殖	无构筑物，无养殖
水质（0.614 4）	pH	0.038 4	5.5～8.5	5.5～8.5	6.0～9.0
	五日生化需氧量（BOD_5）	0.017 6	100	80	6
	化学需氧量（COD_{Cr}）	0.024 3	200	180	30
	挥发酚（Phenols）	0.041 4	1	1	0.01
	铜	0.009 5	1	1	1
	锌	0.009 3	2	2	2
	镉	0.157 1	0.01	0.01	0.005
	铅	0.158 9	0.2	0.2	0.05
	铬	0.157 9	0.1	0.1	0.05
水生态（0.268 4）	藻类生物量	0.074 6	7	3	1
	细胞密度	0.087 6	5×10^7	5×10^6	1×10^6
	藻类 Shannon-Wiener 多样性指数	0.106 1	1	3	3

注：阈值（绿）：《地表水环境质量标准》（GB 3838—2002）Ⅳ类；

阈值（黄）：《城市污水再生利用　农业用水水质》（GB 20922—2007）；

阈值（红）：《农田灌溉水质标准》（GB 5084—2005）；

藻类生物量、细胞密度、多样性指数参考：况琪军，马沛明，胡征宇，等. 湖泊富营养化的藻类生物学评价与治理研究进展[J]. 安全与环境学报，2005，4（2）：87-91.

营养指数参考：孟伟，张远，李国刚，等.流域水质目标管理理论与方法学导论[M]. 北京：科学出版社，2015。

2）饮用水水源区水环境健康指标体系（图 4-3、表 4-6）

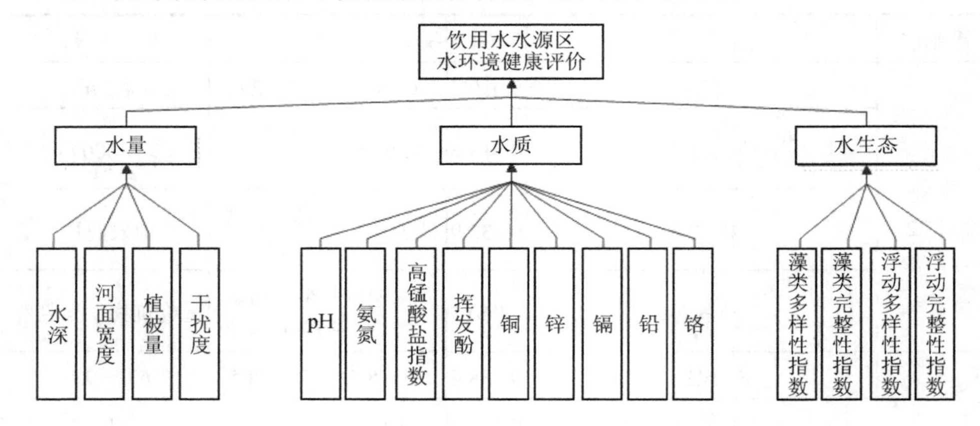

图 4-3 饮用水水源区水环境健康指标体系架构

表 4-6 饮用水水源区水环境指标体系阈值

准则层	评价指标	权重	阈值（红）	阈值（黄）	阈值（绿）
水量（0.062 3）	水深	0.005 4	0.5 m	0.5～2 m	＞2 m
	河面宽度	0.007 2	＜500 m	500～1 000 m	＞1 000 m
	植被量	0.017 5	地表裸露	地表中度裸露	地表覆被
	干扰度	0.032 1	有大型构筑物	小型构筑物或养殖	无构筑物，无养殖
水质（0.652 7）	pH	0.040 8	6.0～9.0	6.0～9.0	6.5～8.5
	氨氮（NH_3-N）	0.018 7	1	0.5	0.5
	高锰酸盐指数（COD_{Mn}）	0.025 8	6	4	3
	挥发酚（Phenols）	0.044	0.005	0.002	0.002
	铜	0.010 1	1	1	1
	锌	0.009 9	1	1	1
	镉	0.166 9	0.005	0.005	0.005
	铅	0.168 8	0.05	0.01	0.01
	铬	0.167 8	0.05	0.05	0.05
水生态（0.285 1）	藻类生物量	0.079 3	7	3	1
	细胞密度	0.093 2	5×10^7	5×10^6	1×10^6
	藻类 Shannon-Wiener 多样性指数	0.112 7	1	3	3

注：阈值（绿）：《生活饮用水卫生标准》（GB 5749—2006）；

阈值（黄）：《地表水环境质量标准》（GB 3838—2002）II 类；

阈值（红）：《地表水环境质量标准》（GB 3838—2002）III类。

3）工业用水区水环境健康指标体系（图 4-4、表 4-7）

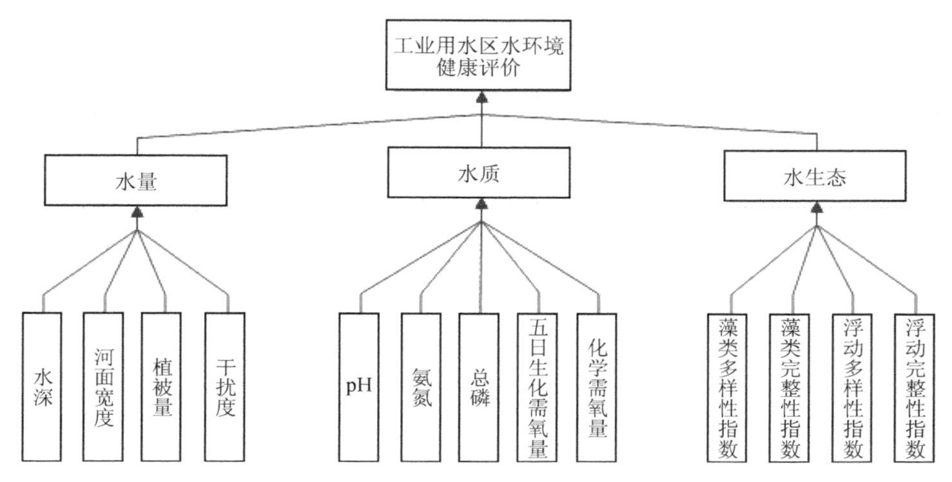

图 4-4　工业用水区水环境健康指标体系架构

表 4-7　工业用水区水环境指标体系阈值

准则层	评价指标	权重	阈值（红）	阈值（黄）	阈值（绿）
水量（0.352 2）	水深	0.030 8	0.5 m	0.5～2 m	＞2 m
	河面宽度	0.041 0	＜500 m	500～1 000 m	＞1 000 m
	植被量	0.098 7	地表裸露	地表中度裸露	地表覆被
	干扰度	0.181 7	有大型构筑物	小型构筑物或养殖	无构筑物，无养殖
水质（0.559 1）	pH	0.168 3	6.5～8.5	6.5～9	6.0～9.0
	氨氮（NH_3-N）	0.104 9	10		2
	总磷（TP）	0.083 4	1		0.2
	五日生化需氧量（BOD_5）	0.030 1	10	30	10
	化学需氧量（COD_{Cr}）	0.172 3	60		40
水生态（0.088 7）	藻类生物量	0.029 0	7	3	1
	细胞密度	0.024 7	5×10^7	5×10^6	1×10^6
	藻类 Shannon-Wiener 多样性指数	0.035 1	1	3	3

注：阈值（绿）：《地表水环境质量标准》（GB 3838—2002）Ⅴ类；
阈值（黄）：《城市污水再生利用——工业用水水质》（GB/T 19923—2005）工艺产品用水；
阈值（红）：《城市污水再生利用——工业用水水质》（GB/T 19923—2005）洗涤-冷却水。

4）一致性检验

一致性检验就是利用一致性指标和一致性比率＜0.1，及随机一致性指标的数值表，对指标体系进行检验的过程。

一致性指标 CI：

$$\mathrm{CI}=\frac{\lambda-n}{n-1}$$

式中，若 CI=0，则有完全的一致性；CI 接近于 0，有满意的一致性；CI 越大，不一致越严重。

一致性比率 CR：

$$\mathrm{CR}=\frac{\mathrm{CI}}{\mathrm{RI}}$$

式中，RI——随机一致性指标，一致性比率 CR＜0.1。

总体一致性检验：

$$\mathrm{CR}=\frac{a_1\mathrm{CI}_1+a_2\mathrm{CI}_2+\cdots+a_m\mathrm{CI}_m}{a_1\mathrm{RI}_1+a_2\mathrm{RI}_2+\cdots+a_m\mathrm{RI}_m}$$

式中，CI_m——下层的一致性指标；

RI_m——下层的随机一致性指标；

a_m——权重。

同样的，如果 CR＜0.1，那么一致性在容许范围之内。

各功能区指标权重一致性检验见表 4-8。

表 4-8　各功能区指标权重一致性检验

项目	农业用水区		饮用水水源区		工业用水区	
	一致性比率（CR）	一致性指标（CI）	一致性比率（CR）	一致性指标（CI）	一致性比率（CR）	一致性指标（CI）
准则层	0.070 7	0.036 8	0.070 7	0.036 75	0.051 6	0.026 8
水质指标层	0.099 4	0.145 1	0.099 4	0.145 1	0.090 2	0.101 1
水量指标层	0.078 9	0.070 2	0.078 9	0.070 2	0.078 9	0.070 2
水生态指标层	0.022 7	0.020 2	0.022 7	0.020 2	0.022 7	0.020 2

（3）水环境健康风险评估

1）水环境健康风险评估值归一化

本研究以不同水生态功能区水质目标状态为评价参考标准对独流减河干流水

环境健康进行评估，描述独流减河水环境健康状态。为准确判断独流减河干流各断面的水环境健康状态，现将各断面水环境健康评估值归一化，归一化计算原则如下：

水量指标根据前人研究成果，结合现场调查，采用四级分值评分法，对独流减河监测断面进行评分，见表 4-9。

表 4-9　指标赋值表

<table>
<tr><td rowspan="2">定量指标</td><td colspan="4">四级分值评分法</td></tr>
<tr><td>1</td><td>0.7</td><td>0.4</td><td>0.1</td></tr>
<tr><td>水深</td><td>水深≥3 m</td><td>1 m≤水深＜3 m</td><td>0.5 m≤水深＜1 m</td><td>水深＜0.5 m</td></tr>
<tr><td>河面宽度</td><td>河面宽度≥1 000 m</td><td>800 m≤河面宽度＜1 000 m</td><td>500 m≤河面宽度＜800 m</td><td>河面宽度＜500 m</td></tr>
<tr><td>植被量</td><td>植被覆被量多</td><td>植被覆被量中等</td><td>植被覆被量少</td><td>无植被</td></tr>
<tr><td>干扰度</td><td>无构筑物，无养殖</td><td>基本无构筑物，无养殖</td><td>小型构筑物或养殖</td><td>有大型构筑物</td></tr>
<tr><td colspan="2">定性指标</td><td colspan="3">归一化值</td></tr>
<tr><td colspan="2">红色阈值＞黄色阈值＞绿色阈值</td><td colspan="3" rowspan="3">监测值＞红色阈值，指标=1；
红色阈值≥监测值≥绿色阈值，指标由指数函数、对数函数计算；
监测值＜绿色阈值，指标=0.1</td></tr>
<tr><td colspan="2">红色阈值＞黄色阈值=绿色阈值</td></tr>
<tr><td colspan="2">红色阈值=黄色阈值＞绿色阈值</td></tr>
<tr><td colspan="2">红色阈值=黄色阈值=绿色阈值</td><td colspan="3">监测值＜红色阈值，指标=1/（监测值/标准值）；
监测值＞红色阈值，指标=0.1</td></tr>
</table>

2）独流减河各功能区水环境健康风险评估

结合不同功能区水环境指标阈值体系表及指标赋值表，对独流减河不同水期、不同断面进行水环境健康风险评估，评估结果见表 4-10。

表 4-10　独流减河各功能区水环境健康风险评估值

<table>
<tr><td rowspan="2">监测点</td><td rowspan="2">功能分区</td><td colspan="3">独流减河水环境健康评估归一化值</td></tr>
<tr><td>枯水期</td><td>丰水期</td><td>平水期</td></tr>
<tr><td>R1</td><td rowspan="6">农业用水区</td><td>0.48</td><td>0.58</td><td>0.72</td></tr>
<tr><td>R2</td><td>0.60</td><td>0.63</td><td>0.75</td></tr>
<tr><td>R3</td><td>0.48</td><td>0.64</td><td>0.83</td></tr>
<tr><td>R4</td><td>0.52</td><td>0.53</td><td>0.77</td></tr>
<tr><td>R5</td><td>0.49</td><td>0.54</td><td>0.76</td></tr>
<tr><td>R6</td><td>0.44</td><td>0.47</td><td>0.65</td></tr>
</table>

监测点	功能分区	独流减河水环境健康评估归一化值		
		枯水期	丰水期	平水期
R7	饮用水水源区	0.47	0.64	0.44
R8	农业用水区	0.53	0.51	0.63
R9	工业用水区	0.90	0.80	0.82
R10		0.73	0.69	0.69

由图 4-5 可知，目前独流减河干流水质总体较差，尚未达到其功能区水环境健康目标状态。从空间分布来看，独流减河近入海口处水环境健康状态较好。从水期分布来看，丰水期水环境健康状态较枯水期好。枯水期和丰水期较平水期水环境健康状态差，原因是 2017 年独流减河镉浓度偏高。

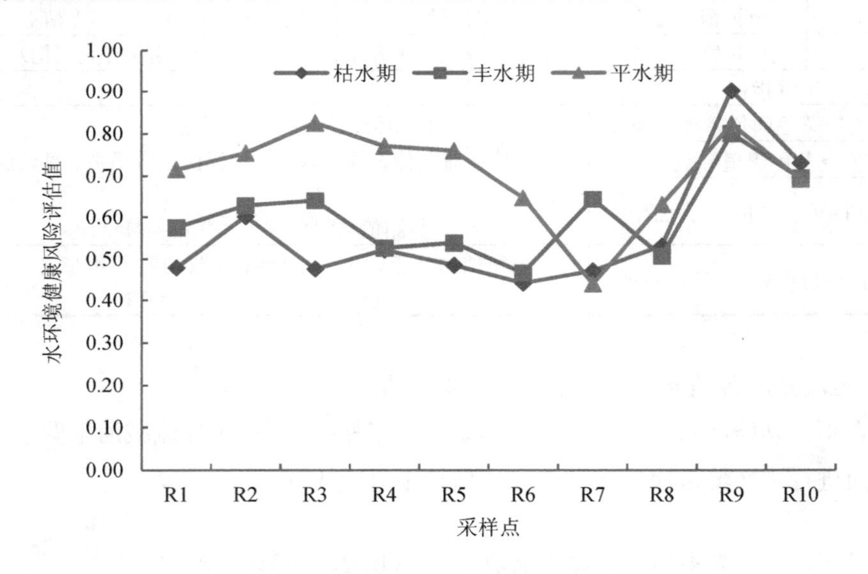

图 4-5　独流减河各功能区水环境健康风险分布

4.1.3　独流减河水环境和水生态相关关系研究

4.1.3.1　独流减河水环境与水生态相关关系分析

海河南系独流减河为人工开挖的典型宽浅型河道，断面规整、地势平坦，上游进洪闸、下游工农兵防潮闸常年闭合，水流滞缓，且因河道两岸人口密集、经济发达，汇入小支流较多，河流水环境受人为干扰较大，因此春夏季节一些断面藻类暴发现象时有发生。

藻类是水体中最重要的初级生产者，共有 11 门，分别为蓝藻（Cyanophyceae）、金藻（Chrysophyceae）、黄藻（Xanthophyceae）、硅藻（Rhodophyceae）、甲藻（Pyrrophyceae）、裸藻（Euglenophyceae）、绿藻（Chlorophyceae）、隐藻（Cryptophyceae）、轮藻（Charophyta）、褐藻（Phaeophyta）和红藻（Rhodophyta）。其中，蓝藻、绿藻、裸藻等一些藻类对环境的适应能力较强，能在一定水温和有机质含量较高的水体中，高密度繁殖成为优势种，大量生长，迅速消耗水体中的溶解氧，导致水体恶化。

本研究使用 SPSS 软件对 2017 年独流减河水质及水生态监测数据进行相关分析，探索独流减河水生态变化与水质变化之间的关系。

（1）数据来源

选取 2017 年枯水期（夏季）、丰水期（秋季）、平水期（冬季、春季）在独流减河干流 10 个采样点共计 40 个样本进行检测和数据分析。

（2）水环境指标分析

根据独流减河前期监测数据，水环境指标主要分为 5 类：

现场测定指标：温度（T）、pH、溶解氧（DO）；

天然水化学八大离子：钾离子（K^+）、钠离子（Na^+）、钙离子（Ca^{2+}）、镁离子（Mg^{2+}）、碳酸盐（CO_3^{2-}）、重碳酸盐（HCO_3^-）、氯化物（Cl^-）、硫酸盐（SO_4^{2-}）；

营养状况指标：总氮（TN）、总磷（TP）、氨氮（NH_4^+-N）、硝酸盐氮（NO_3^--N）和磷酸盐（PO_4^{3-}）；

重金属指标：铅（Pb）、镉（Cd）、铬（Cr）、铜（Cu）、锌（Zn）、铁（Fe）、锰（Mn）、铝（Al）；

有机污染物指标：高锰酸盐指数、总有机碳（TOC）。

（3）水生态指标分析

根据水体富营养化时藻类增多、藻类多样性降低等生态特征，水生态指标选取藻类 Shannon-Wiener 多样性指数、藻类细胞密度、藻类生物量。

（4）水环境与水生态相关性分析

利用 IBM SPSS Statistics 19 对水环境指标和水生态指标逐一进行偏相关分

析，得出藻类 Shannon-Wiener 生物多样性指数（以下简称“生物多样性指数”）与水环境钙离子、硝酸盐氮、铁以及氮磷比具有较为显著的相关关系，详见表 4-11。根据表 4-11 的相关分析结果，藻类生物多样性指数与河流水环境氮磷比呈显著的负相关性，相关系数为−0.522，偏相关性系数为 0.026。藻类生物多样性指数与硝酸盐氮、钙离子、铁的相关关系依次减小。

表 4-11　独流减河水环境与水生态相关性分析

控制变量		藻类生物多样性指数	钙离子	硝酸盐氮	铁	氮磷比
藻类生物多样性指数	相关性	1.000				
	显著性（双侧）					
	d*f*	0				
钙离子	相关性	−0.336	1.000			
	显著性（双侧）	0.173				
	d*f*	40	0			
硝酸盐氮	相关性	−0.338	0.289	1.000		
	显著性（双侧）	0.170	0.245			
	d*f*	40	40	0		
铁	相关性	0.318	0.112	−0.029	1.000	
	显著性（双侧）	0.198	0.658	0.908		
	d*f*	40	40	40	0	
氮磷比	相关性	−0.522	−0.222	0.337	−0.244	1.000
	显著性（双侧）	0.026	0.376	0.171	0.329	
	d*f*	40	40	40	40	0

4.1.3.2　基于水环境的独流减河水环境水生态回归模型建立

根据河流水环境与水生态相关关系分析得出，水环境污染与水生态系统间存在一定的内在联系，本章将采用回归分析法建立独流减河水生态回归模型，探究两者之间的定量关系，通过水生态情景反演，得出对河流水环境参数的控制要求。

（1）回归分析法

回归分析法是一种处理变量间相关关系的数理统计方法，能够科学地寻求事件内在规律并预测其发展趋势，目前已应用于多个社会领域中，并在实际应用中证实了其准确性和可行性。

回归模型不仅需要进行回归系数的检验、估计回归系数的置信区间，还要进行预测与假设检验等方面的讨论。因此需要进行拟合度检验（R^2）、回归方程的显著性检验（F）、参数估计值标准差检验（T）等一系列检验。

（2）水环境水生态回归模型建立

根据河流水环境与水生态相关性分析，藻类多样性指数与水环境中氮磷比、钙离子、硝酸盐氮、铁元素四个因子具有较为显著的相关关系，采用统计软件 IBM SPSS Statistics 19 中的回归分析工具，依次对变量进行曲线估计计算，对自变量进行筛选，并计算变量系数，建立独流减河水环境水生态回归模型。

1）统计学检验

统计学检验用于检验因变量数据是否具有统计学意义，是回归模型建立的前提条件，要求首先确定因变量是否有足够的变异（图 4-6）。

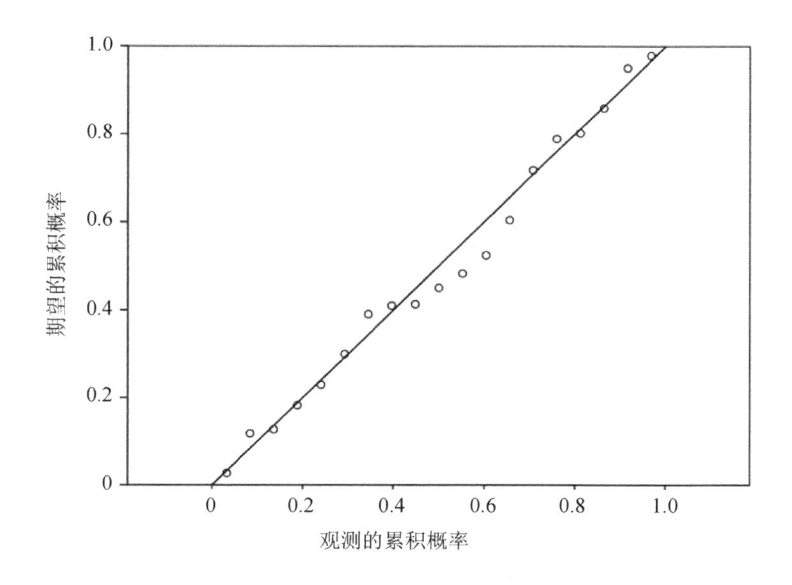

图 4-6　生物多样性指数 P-P 图

根据样本生物多样性指数 P-P 图，得出围绕第一象限的对角线分布，因此样本数据服从正态分布，满足建立回归模型正态性假设要求。

2）最优模型确定

采用统计软件 IBM SPSS Statistics 19 中回归分析工具，依次对变量进行线性、二次项、复合、增长、对数、立方、S、指数分布、逆模型、幂、Logistic 模型曲线估计计算，并对自变量进行筛选，根据拟合模型 R^2 筛选最优模型。根据模拟结果分析，本例回归分析得到的回归方程（图 4-7）为：

$$\ln y = -0.125x + 2.202$$

式中，y—— 藻类生物多样性指数；

x—— 水环境中的氮磷比。

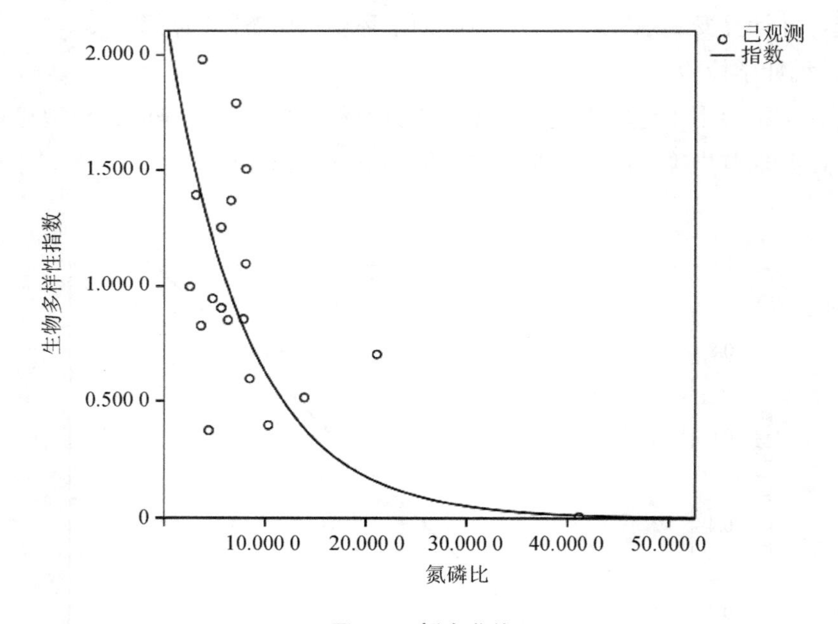

图 4-7　拟合曲线

（3）模型检验

1）回归方程的显著性检验（F）

显著性检验用于验证因变量和所有自变量的集合之间的线性关系是否显著，见表 4-12。

表 4-12　回归方程显著性检验系数

	平方和	df	均方	F	Sig.
回归	22.298	1	22.298	57.009	0.000
残差	6.649	17	0.391		
总计	28.948	18			

注：自变量为氮磷比。

结果表明：F 统计量的值为 57.009，显著性水平 Sig.值为 0.000，小于 0.05，认为模型拒绝回归系数均为 0 的假设，所建立的回归方程有效。

2）参数估计值标准差检验（T）

参数估计值标准差检验用于验证每个自变量对因变量的线性影响是否显著。根据表 4-13 回归系数显著性检验 t 统计量的 Sig.值小于 0.05，可以认为方程显著，拒绝系数为 0 的假设，即变量对因变量有贡献，所建立的回归方程有效。

表 4-13　参数估计值标准差检验系数

	未标准化系数		标准化系数	t	Sig.
	B	标准误差	Beta		
氮磷比	−0.125	0.017	−0.878	−7.550	0.000
（常数）	2.202	0.459		4.801	0.000

注：因变量为 ln（生物多样性指数）。

3）拟合度检验（R^2）

拟合度检验表示模型与实际情况的轨迹是否吻合，R^2 越接近 1，表示回归方程对数据拟合的程度越强，所有自变量与因变量的关系越密切。一般随着模型变量个数的增加，R^2 不断增加。

表 4-14 中，自变量和因变量之间的相关系数为 0.878，拟合线性回归的确定性系数为 0.770，经调整后的确定性系数为 0.757，标准误差的估计值为 0.625，得出的拟合优度较高。

表 4-14 模型汇总

R	R^2	调整 R^2	估计值的标准误差
0.878	0.770	0.757	0.625

注：自变量为 ln（氮磷比）。

4.1.3.3 不同水生态情景下水环境控制要求分析

藻类生物多样性指数是评价水质最常用的指标，主要以藻类细胞密度和种群结构的变化为基本依据评价水体的污染程度，参考国内外相关文献确定藻类 Shannon-Wiener 多样性指数评价标准，见表 4-15。

表 4-15 藻类 Shannon-Wiener 多样性指数评价标准

水体状态	评价标准（藻类 Shannon-Wiener 多样性指数）
轻污染或无污染	＞3
中污染	1～3
重污染	0～1

根据回归模型计算得出，藻类 Shannon-Wiener 生物多样性指数与水体中的氮磷比呈反比例相关关系，氮磷比越大则藻类 Shannon-Wiener 生物多样性指数越小，由表 4-16 可知，要保证较高的生物多样性，水体中氮磷比至少需要控制在 8.83 以下，氮磷比大于 17.62 时，藻类生物多样性指数处于一个较低水平，水体呈重污染。

表 4-16 不同水生态情景下氮磷比控制要求

水生态情景	藻类 Shannon-Wiener 多样性指数	氮磷比（控制钙离子浓度）
水体轻污染，藻类生物多样性指数高	＞3	＜8.83
水体中污染，藻类生物多样性指数适中	1～3	8.83～17.62
水体重污染，藻类生物多样性指数低	0～1	＞17.62

4.2 基于排污许可证的排污口门管控技术

针对现有排污许可证制度中总量核算不合理、分配制度缺乏依据等问题，根据独流减河水环境风险计算结果，以保障河滨带人群健康、生态完整性为可接受风险上限，反向推算流域水质、水量限制值，核算流域污染控制总量；以独流减河污染物环境容量为基础，计算各排污口门的分配量，依据各口门的排污控制总量，进一步分配企业排污控制总量。对比现有规划中的总量分配方案，分析研究分配方案的可行性与适用性，同时结合效率优先、兼顾公平的原则，确定沿河排污口门的关停和企业控制总量，建立以排污许可证为核心的排污口门管控技术体系。

4.2.1 流域现状调查及控制单元划分

4.2.1.1 独流减河控制断面及支流调查

独流减河起自大清河与子牙河交汇处的进洪闸，流经静海区，西青区，津南区，滨海新区的大港、塘沽等行政区域，最后经工农兵防潮闸入海。独流减河的水质监控断面从上到下分别是：进洪闸断面（市控）、万家码头断面（国控）和工农兵防潮闸断面（市控），见表 4-17。

表 4-17　独流减河控制断面情况

编号	控制单元名称	断面控制级别	主要河道	现状水质	水质目标	达标年限
1	进洪闸断面	市控	大清河	劣V类	V类	2019 年 1 月
2	万家码头断面	国控	独流减河	劣V类	V类	2019 年 1 月
3	工农兵防潮闸断面	市控	独流减河	劣V类	V类	2019 年 1 月

独流减河流域沟渠纵横交错，其中一级河道 6 条，包括独流减河、南运河、大清河、子牙河、马厂减河、子牙新河，总长约 291.3 km；独流减河两岸分别与 20 条主要一级支流通过泵站和闸涵相连通，20 条一级支流又分别与 98 条二级支流相连通，见图 4-8。

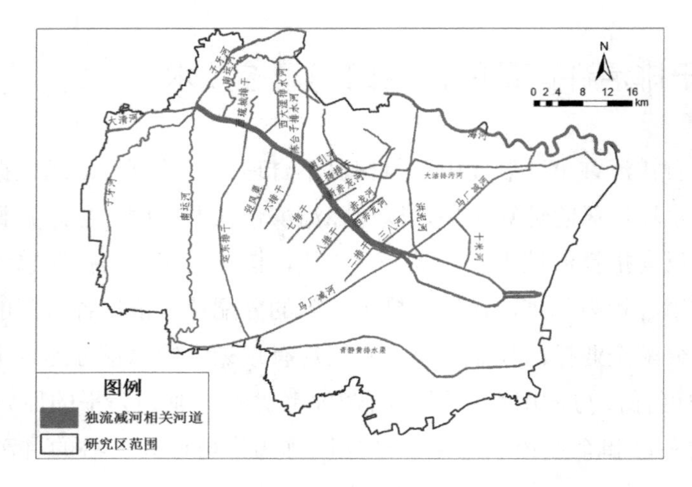

图 4-8　独流减河支流及控制断面概况

4.2.1.2　独流减河排污口调查

入河排污口是沟通水功能区和陆上污染源的纽带，其调查、监测结果是准确核定独流减河流域污染物排放与入河总量的依据。通过天津市水系图解析，结合实地勘察，确定独流减河沿岸共有 27 个入河排污口，见图 4-9 和表 4-18。

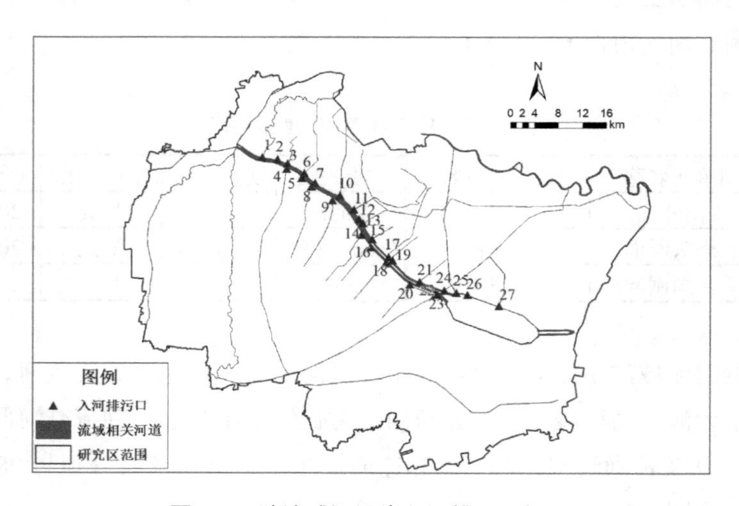

图 4-9　独流减河沿岸入河排污口概况

表 4-18　独流减河沿岸入河排污口调查

序号	入河排污口名称	主要河道
1	大杜庄泵站	南运河
2	琉城西泵站	西琉城排干
3	琉城东泵站	八百米干渠
4	良王庄扬水站	运东排干
5	宽河泵站	西大洼排水河
6	宽河小闸	无名河
7	小卞庄闸	小卞庄干渠
8	迎丰扬水站	迎丰渠
9	管铺头扬水站出水闸	六排干
10	陈台子泵站	陈台子排水河
11	南引河泵站	南引河
12	建新闸	二扬排干
13	二扬泵站	二扬排干
14	小团泊扬水站	七排干
15	小孙庄泵站	新赤龙河
16	农业综合开发团泊村扬水站	大寨渠
17	小泊闸	赤龙河
18	大港油田团泊基地扬水站	八排干
19	小泊泵站	西赤龙河
20	团泊洼泵站	二排干
21	三八闸	三八河
22	北台泵站	二排干
23	马厂减河尾闸	马厂减河
24	东台子泵站	马厂减河
25	洪泥河首闸	洪泥河
26	中塘泵站	八米河
27	十米河泵站	十米河

4.2.1.3　控制单元划分

根据不同的管理模式和划分依据，控制单元主要有三大类，即基于行政区的控制单元、基于水文单元的控制单元和基于水生态区的控制单元。其中，基于行政区的控制单元以行政区划为基础，有利于国家层面和各级地方政府的水质管理。本研究利用 ArcGIS 平台，将汇水区域与行政区划进行叠加，构成控制单元。划分步骤为：①基础地理信息数据的收集与处理：获取研究区域基础地理信息数据，包括流域 DEM 数据、流域界限图、行政区划图、天津市水利图、流域水质控制断面分布图等。利用 GIS 软件，进行各种基础地理信息数据分析，得到研究区域的水文图和流域界限。②子流域划分：应用 ArcMap 的拓展模板 Arc Hydro tools 软件，对天津 DEM 数据进行洼地填平，为了使自动提取的河网与实际河网相吻合，利用收集到的天津市主要河流矢量数据对填洼后的 DEM 数据进行 burn-in 处理，再进行流向及汇流计算，从而提取出天津河网和流域边界。③控制单元的划分及调整：由于独流减河流域地处平原，河网地区河道纵横交错，会有河道分汊或呈网状的现象；而且，基于行政边界原则以及易于管理原则，流域划分需要将行政区与汇水区进行有效衔接，即采用行政区与汇水区相结合的方式划分流域，对相同行政区内执行相同水质目标的子流域进行合并。最后，结合独流减河流域实际情况，手动进行控制单元合理调整。

通过对独流减河流域进行水文子流域及控制单元划分，将流域划分为 36 个子流域和 6 个控制单元，图 4-10 为控制单元划分图。

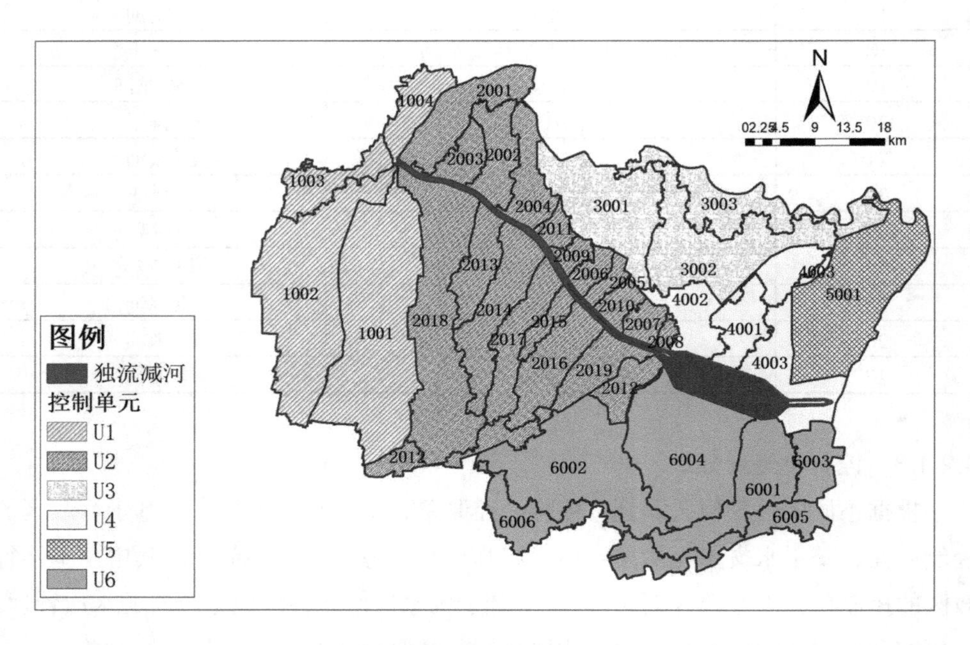

图 4-10　研究区子流域及控制单元的划分

4.2.1.4　排污口概化

参考《全国水环境容量核定技术指南》，对排污口进行适当简化。多个相距较近的排污口可概化为一个集中排污口，概化后的排污口排污量 Q_p 和位置 X 为

$$Q_\mathrm{p} = \sum_{i=1}^{n} Q_{\mathrm{p}i}$$

$$X = (Q_1C_1X_1 + Q_2C_2X_2 + \cdots + Q_nC_nX_n) / (Q_1C_1 + Q_2C_2 + \cdots + Q_nC_n)$$

式中，Q_n —— 第 n 个排污口的水量；

X_n —— 第 n 个排污口到水功能区下断面的距离；

C_n —— 第 n 个排污口污水污染物浓度。

将流域的主要支流以及排污口进行概化，共概化出 23 个排污口，具体概化情况见表 4-19。

表 4-19　独流减河沿岸入河排污口概化情况

概化排污口编号	概化排污口名称	所属控制单元	所属子流域	主要河道	概化排污口点位/m
1	大杜庄泵站	控制单元 2	2001	南运河	4 591.22
2	琉城西泵站	控制单元 2	2003	西琉城排干	7 164.87
3	琉城东泵站	控制单元 2	2003	八百米干渠	8 950.15
4	良王庄扬水站	控制单元 2	2018	运东排干	9 038.88
5	概化宽河泵站+宽河小闸	控制单元 2	2002	西大洼排水河	11 910.93
6	迎丰扬水站	控制单元 2	2013	迎丰渠	14 420.46
7	概化管铺头扬水站	控制单元 2	2014	六排干	18 222.35
8	陈台子泵站+小卞庄闸	控制单元 2	2004	陈台子排水河	19 201.14
9	南引河泵站	控制单元 2	2011	南引河	22 225.37
10	二扬泵站+建新站	控制单元 2	2009	二扬排干	24 604.34
11	小团泊扬水站	控制单元 2	2017	七排干	26 801.14
12	小孙庄泵站	控制单元 2	2006	新赤龙河	28 223.05
13	农业综合开发团泊村扬水站	控制单元 2	2015	大寨渠	29 305.03
14	小泊闸	控制单元 2	2005	赤龙河	32 471.85
15	大港油田团泊基地扬水站	控制单元 2	2016	八排干	33 056.80
16	小泊泵站	控制单元 2	2010	西赤龙河	33 255.98
17	三八闸	控制单元 2	2007	三八河	39 611.56

概化排污口编号	概化排污口名称	所属控制单元	所属子流域	主要河道	概化排污口点位/m
18	团泊洼泵站+北台泵站	控制单元 2	2019	二排干	42 824.40
19	马厂减河尾闸	控制单元 2	2012	马厂减河	43 415.46
20	东台子泵站	控制单元 2	2008	马厂减河	43 789.69
21	万家码头泵站	控制单元 4	4002	洪泥河	45 994.67
22	中塘泵站	控制单元 4	4002	八米河	47 777.23
23	十米河泵站	控制单元 4	4001	十米河	53 391.72

注：概化排污口点位均指距离进洪闸断面的距离。

4.2.2 不同控制单元内污染源调查及核算

此部分内容见 2.3.1。

4.2.3 独流减河流域最大日负荷（TMDL）计算

河流水质模型是用数学模型的方法来描述污染物质进入天然河流后所进行的稀释、扩散、自净的规律。从欧美等发达国家流域管理的实践来看，流域水环境模型已逐步成为解决排放总量-水质响应难题的关键手段。

由于气候原因，我国北方地区大多是季节性河流。为了防洪排涝和蓄水灌溉，这些河流上普遍建有多级闸坝，以控制水流。独流减河是受闸坝控制的河流，在调水期（4—11 月）和汛期（6—9 月），由于上游来水、调水和降水影响，闸门需不定时开启，海河干流仍可看作一般河道。但在枯水期（12—3 月），由于没有外调来水，闸坝处于关闭状态，可以看作水库型河道。因此，针对以上特点，本研究在计算独流减河水环境容量时分为 3 种情形进行计算：

枯水期——按水库型河道进行建模。独流减河在枯水期闸坝处于关闭状态，可以看作是水库型河道。

平水期——按河流一维水质模型计算。在调水期，由于上游来水和调水影响，闸门需不定时开启，独流减河可以看作是完全混合型河流。

丰水期——按河流一维水质模型计算。在汛期和调水期，由于降水和调水影响，闸门需不定时开启，独流减河可以看作是完全混合型河流。

4.2.3.1　枯水期最大日负荷（TMDL）计算方法

独流减河非调水期水环境容量计算模型可以选用水库型河道模型：

$$\text{TMDL}=W=\left(C_{\mathrm{s}}-C_{0}\right)V/\Delta T+kVC_{\mathrm{s}}+qC_{\mathrm{s}}$$

式中，ΔT—— 枯水时段，d，它取决于水库河道水位年内变化：泊水时间短，水位年内变化大的可取 60～90 d；若常年稳定，则可取 90～150 d；

q—— 在安全容积期间，从湖库水中排泄出的流量，$\mathrm{m^3/s}$；

V—— 历年最枯蓄水量，$\mathrm{m^3}$，一般取枯水期水体体积为安全体积。

C_{s}—— 污染物的允许浓度（即水质目标），mg/L；

C_0—— 污染物的现状浓度（即水质现状），mg/L；

k—— 污染物衰减系数，$\mathrm{d^{-1}}$。

4.2.3.2　平水期/丰水期最大日负荷（TMDL）计算方法

目前，美国国家环境保护局在模型选择纲领中列举了几十种供各地实施 TMDL 计划备选模型。不同的模型可以用来模拟流域接受水体污染源负荷和负荷响应之间的关系。受纳水体模型分为稳态模型和动态模型，其复杂程度还取决于空间程度（一维、二维或三维）。如果河段长度大于下列计算的结果，可以采用一维模型进行模拟：

$$L=\frac{(0.4B-0.6a)uB}{(0.058H+0.0065B)\sqrt{\mathrm{g}HI}}$$

式中，L—— 混合过程段长度；

B—— 河流宽度；

a—— 排放口距岸边的距离（$0\leqslant a<0.5B$）；

u—— 河流断面平均流速；

H—— 平均水深；

g—— 重力加速度，取 9.81 $\mathrm{m/s^2}$；

I—— 河流坡度。

结合独流减河水系和水文情势特点，河流水体纵向流动明显，排污口的废水排放量与河流的流量比例适当，污染物在较短时间内就能在河段横断面上混合均匀，因此采用原环境保护部环境规划院所推荐的一维稳态水质模型进行计算。

河流污染物一维稳态水质模型如下：

$$u\frac{\partial C}{\partial x}=D\frac{\partial^2 C}{\partial x^2}-KC$$

式中，u—— 河道断面的平均流速，m/s；

C—— 污染物浓度，mg/L；

x—— 沿河段的纵向距离，m；

D—— 河流纵向离散系数，m^2/s；

K—— 污染物降解系数，d^{-1}。

针对不同水污染控制模式，周孝德等提出了一维稳态条件下计算水环境容量的段首和段尾控制法。段尾控制法是指控制下游断面的水质达到功能区段的水质目标，即可反推出段首处的水环境负荷容量。

一维段尾控制法的水环境负荷容量模型如下：

$$\mathrm{TMDL}=W=0.086\,4\left\{Q_0\left(C_s-C_0\right)+\sum_{i=0}^{n-1}C_s\left[Q_{i+1}\exp\left(-\frac{KL_i}{86\,400U_i}\right)-1\right]+q_{i+1}\right\}$$

式中，W—— 水环境负荷容量，t/d；

Q_0—— 来水流量，m^3/s；

C_s—— 控制断面水质标准，mg/L；

C_0—— 来水的污染物浓度，mg/L；

Q_{i+1}—— 第 i+1 个节点处河流流量，m^3/s；

K—— 污染物降解系数，d^{-1}；

L_i—— 第 i 河段长度，m；

U_i—— 第 i 河段设计平均流速，m/s；

q_{i+1}—— 第 i+1 个节点处排污口污水流量，m^3/s。

4.2.3.3 计算参数的确定

（1）污染物降解系数 K

污染物降解系数 K 是计算水体纳污能力的一项重要参数。不同的污染物、不同的水体、不同的环境条件，其降解系数是不同的。对于水体中 COD、氨氮和总磷的降解，一般认为符合一级反应动力学方程。K 的计算公式为：

$$K=86.4\ (\ln C_1-\ln C_2)\ U/L$$

式中，C_1、C_2 —— 河段上下断面的污染物浓度，mg/L；

U —— 河段平均流速，m/s；

L —— 河段上下断面间距，km；

K —— 河流污染物综合降解系数，d^{-1}。

经调研与统计，独流减河枯水期、平水期和丰水期河流平均流速分别为 0.002 m/s、0.018 m/s、0.021 m/s。根据上式分别对独流减河枯水期（12 月至次年 3 月）、平水期（4—5 月、10—11 月）和丰水期（6—9 月）污染物降解系数 K 进行计算，见表 4-20。

表 4-20　独流减河 COD 和 NH_3-N 综合降解系数　　单位：d^{-1}

河段	K_{COD}			$K_{NH_3\text{-}N}$		
	枯水期	平水期	丰水期	枯水期	平水期	丰水期
进洪闸—万家码头	0.011	0.024	0.035	0.017	0.023	0.028
万家码头—工农兵防潮闸	0.032	0.059	0.086	0.021	0.031	0.048
均值	0.021	0.042	0.061	0.019	0.037	0.038

枯水期通过计算得降解系数为负值，不合理。此时，可通过不同水期降解系数关系来计算综合降解系数。不同水温条件下 K 值估算关系如下：

$$K_T = K_{20} \cdot 1.047^{(T-20)}$$

式中，K_T —— T℃时的 K 值，d^{-1}；

T —— 水温，℃；

K_{20} —— 20℃时的 K 值，d^{-1}。

（2）流量

流量是最基本的河流水文参数，它不仅直接影响其他水文参数，而且在河流水环境容量的计算中至关重要。独流减河是受闸坝控制的河流，在平水期和丰水期，有上游来水、调水和径流汇入；在非汛期，由于没有外调来水，闸坝多处于关闭状态。

图 4-11 为 1980—2015 年独流减河枯水期、平水期和丰水期流量。根据统计，独流减河枯水期、丰水期和平水期平均流量分别为 0.233 m^3/s、1.846 m^3/s、1.796 m^3/s。图 4-12 为独流减河沿岸主要排水口水文参数信息。

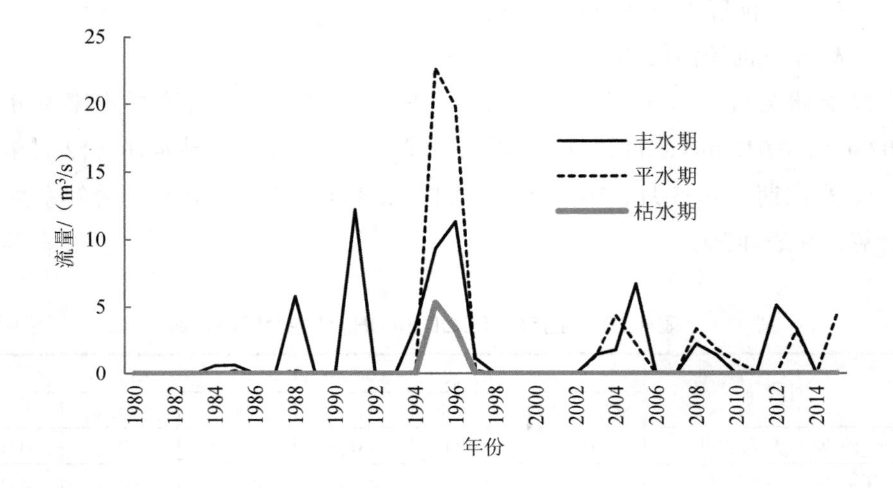

图 4-11　1980—2015 年独流减河流量

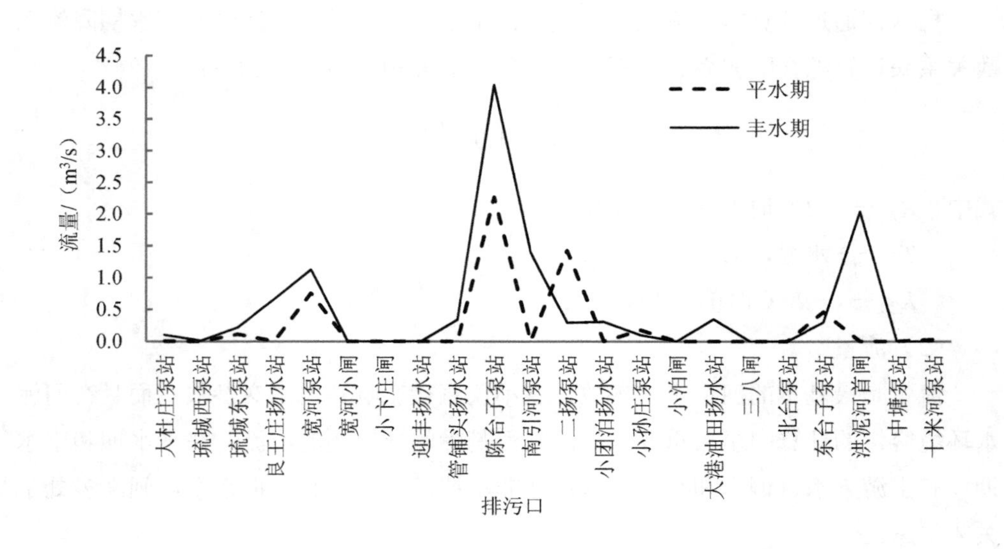

图 4-12　独流减河排污口流量

4.2.3.4　TMDL 计算

根据独流减河流域流量变化特点，对流域最大日负荷进行估算。经测算，独流减河流域 COD、NH_3-N 的最大日负荷（TMDL）分别为 60 782 kg/d 和 4 797 kg/d。枯水期（12 月至次年 3 月）独流减河 COD、NH_3-N 的最大日负荷分别约为 11 408 kg/d 和 958 kg/d；平水期（4—5 月、10—11 月）独流减河 COD、NH_3-N 的最大日负荷分别约为 22 369 kg/d 和 1 543 kg/d；丰水期（6—9 月）独流减河 COD、NH_3-N 的最大日负荷分别约为 27 005 kg/d 和 2 296 kg/d；具体见表 4-21。

表 4-21　COD 和 NH_3-N 的 TMDL　　单位：kg/d

控制单元	水体		断面名称	枯水期 TMDL		平水期 TMDL		丰水期 TMDL	
				COD	NH_3-N	COD	NH_3-N	COD	NH_3-N
控制单元 1	独流减河汇流段	大清河段	进洪闸	501	30	1 243	20	1 596	9
		子牙河段	十一堡新桥	1 276	27	2 667	89	3 887	181
		南运河段	十一堡新桥	690	14	1 443	48	2 103	202
		合计	—	2 467	71	5 353	157	7 586	392
控制单元 2	独流减河		万家码头	6 893	628	11 960	912	14 015	1 311
控制单元 4	独流减河		工农兵防潮闸	2 048	259	5 056	474	5 404	593
合计			—	11 408	958	22 369	1 543	27 005	2 296

天津市降雨主要发生在丰水期，为方便计算，假定城市径流污染全部发生在丰水期。农业面源污染按枯水期、平水期和丰水期分别占 15%、30%和 55%进行计算。独流减河枯水期（12 月至次年 3 月）、平水期（4—5 月、10—11 月）及丰水期（6—9 月）最大日负荷、点源入河量及非点源入河量对比见表 4-22 和表 4-23。

表 4-22 COD 负荷统计 单位：kg/d

控制单元	枯水期			平水期			丰水期		
	TMDL	点源入河量	非点源入河量	TMDL	点源入河量	非点源入河量	TMDL	点源入河量	非点源入河量
控制单元 1	501	0.23	298	1 243	0.23	596	1 596	0.23	1 114
	1 276	632	1 250	2 667	632	2 500	3 887	632	4 832
	690	987	1 573	1 443	987	3 146	2 103	987	6 092
小计	2 467	1 619	3 121	5 353	1 619	6 242	7 586	1 619	12 038
控制单元 2	6 893	3 097	3 908	11 960	3 097	7 817	14 015	3 097	15 602
控制单元 4	2 048	1 305	369	5 056	1 305	738	5 404	1 305	1 890
合计	11 408	6 022	7 399	22 369	6 022	14 797	27 005	6 022	29 530

表 4-23 NH_3-N 负荷统计 单位：kg/d

控制单元	枯水期			平水期			丰水期		
	TMDL	点源入河量	非点源入河量	TMDL	点源入河量	非点源入河量	TMDL	点源入河量	非点源入河量
控制单元 1	30	0.06	43	20	0.06	86	9	0.06	158
	27	95	164	89	84	328	181	80	608
	14	165	217	48	130	434	202	118	804
小计	71	260	424	157	214	848	392	198	1 569
控制单元 2	628	622	399	912	460	797	1 311	406	1 490
控制单元 4	259	98	56	474	98	113	593	98	220
合计	958	980	879	1 543	772	1 758	2 296	702	3 278

4.2.4 独流减河流域水环境污染总量控制

容量总量控制的核心是按照水体的承载能力来实施容量总量控制，亦即依据水质保护目标，提出陆域水污染物的排放总量控制要求。我国现有的总量控制研究大都仅限于总量控制目标的计算，较少涉及点源与非点源之间的分配，更没有在流域尺度上进行综合管理。本研究按照美国实施的 TMDL 计划，进行污染负荷分配及削减。

4.2.4.1　控制单元允许分配负荷的计算

流域总量分配是将污染物排放总量自流域行政区等可实施总量目标的实体，分配到流域、子流域、排放口的分配环节。本研究的分配路线是“流域—子流域”，即先确定流域水体的环境容量，将其初始分配到点源和非点源这两类上，然后分析各子流域点源和非点源污染负荷，将负荷详细分配到各个子流域，确定出各个子流域在满足水质要求的前提下需要削减的污染物负荷。

流域污染物总量分配是将允许的污染物排放总量在点源和面源个体间进行分配，其分配公式为：

$$TMDL=WLA+LA+MOS$$

式中，WLA —— 允许的现存和未来点源的污染负荷，kg/d；

LA —— 允许的现存和未来非点源的污染负荷，kg/d；

MOS —— 安全临界值，kg/d。

由于天然水体具有很多不确定性，为避免最大日负荷计算中不确定性造成的误差带来的影响及消除污染物质负荷与受纳水体水质之间关系的不确定性，需要从中保留一部分负荷作为安全临界值（Margin of Safety，MOS），该部分负荷不允许被分配，是最大日负荷的重要组成部分。美国国家环境保护局推荐的安全临界值为 TMDL 的 5%～10%。根据独流减河的实际水环境状况和相关研究成果，本研究用 TMDL 一定比例的负荷作为安全临界值，取 TMDL 的 5%。

根据污染负荷分配公式可知，独流减河流域主要污染物允许分配的负荷量为最大日负荷减去 MOS 的值。表 4-24 和表 4-25 为流域 COD 和 NH_3-N 的允许分配负荷。

表 4-24　COD 允许分配的负荷　　单位：kg/d

控制单元	水体		枯水期			平水期			丰水期		
			TMDL	MOS	允许负荷	TMDL	MOS	允许负荷	TMDL	MOS	允许负荷
控制单元1	独流减河汇流段	大清河段	501	25.05	475.95	1243	67.35	1 175.65	1596	97.7	1 498.3
		子牙河段	1 276	63.8	1 212.2	2 667	133.35	2 533.65	3 887	194.35	3 692.65
		南运河段	690	34.5	655.5	1 443	72.15	1 370.85	2 103	105.15	1 997.85
		合计	2 467	132.1	2 334.9	5 353	267.65	5 085.35	7 586	379.3	7 206.7

控制单元	水体	枯水期			平水期			丰水期		
		TMDL	MOS	允许负荷	TMDL	MOS	允许负荷	TMDL	MOS	允许负荷
控制单元2	独流减河（进洪闸—万家码头）	6 893	344.65	6 548.35	11 960	598	11 362	14 015	700.75	13 314.25
控制单元4	独流减河（万家码头—工农兵防潮闸）	2 048	102.4	1 945.6	5 056	252.8	4 803.2	5 404	270.2	5 133.8
合计		11 408	579.15	10 828.85	22 369	1 118.45	21 250.55	27 005	1 350.25	25 654.75

表 4-25 NH_3-N 允许分配的负荷 单位：kg/d

控制单元	水体		枯水期			平水期			丰水期		
			TMDL	MOS	允许负荷	TMDL	MOS	允许负荷	TMDL	MOS	允许负荷
控制单元1	独流减河汇流段	大清河段	30	1.5	28.5	20	1	19	9	0.45	8.55
		子牙河段	27	1.35	25.65	89	4.45	84.55	181	9.05	171.95
		南运河段	14	0.7	13.3	48	2.4	45.6	202	10.1	191.9
		合计	71	3.55	67.45	157	7.85	149.15	392	19.6	372.4
控制单元2	独流减河		628	31.4	596.6	912	45.6	866.4	1 311	65.55	1 245.45
控制单元4	独流减河		259	12.95	246.05	474	23.7	450.3	593	29.65	563.35
合计			958	47.9	910.1	1 543	77.15	1 465.85	2 296	114.8	2 181.2

4.2.4.2 各排污口允许负荷的分配

目前常用的排污口允许负荷分配方法包括等比例分配、按贡献率削减分配、费用最小分配、分区加权分配、排污指标有偿加权分配、投标博弈等。

本书依据 TMDL 总量控制理论，采用等比例分配方法，依据各排污口及点源和非点源污染负荷所占的比例进行分配，然后按工业污染源、污水处理厂排放量所占比例，在点源内进行再次分配，完成独流减河流域分区（控制单元）、分期（丰水期、平水期、枯水期）和分类（点源和非点源）的总量分配。

控制单元内排污口污染负荷分配，主要是将控制单元内允许分配的负荷按等比例分配的方法分配到各概化排污口，然后再进一步分配到各排污口。各排污口允许分配的负荷见表 4-26。

表 4-26　各排污口允许分配的负荷　　单位：kg/d

控制单元	排污口	枯水期		平水期		丰水期	
		COD 允许分配负荷	NH_3-N 允许分配负荷	COD 允许分配负荷	NH_3-N 允许分配负荷	COD 允许分配负荷	NH_3-N 允许分配负荷
控制单元 2	大杜庄泵站	247.67	24.26	534.78	53.60	831.23	94.55
	琉城西泵站	20.06	1.54	44.68	3.64	164.62	8.72
	琉城东泵站	0.38	0.03	0.46	0.04	1.47	0.07
	良王庄扬水站	13.11	1.09	15.97	1.47	50.80	2.54
	宽河泵站	39.10	2.46	87.10	5.81	192.18	11.96
	迎丰扬水站	34.88	2.16	77.70	5.10	110.04	9.16
	管铺头扬水站	45.37	2.81	101.07	6.63	135.56	11.72
	陈台子泵站	53.46	3.31	119.09	7.81	172.86	14.18
	南引河泵站	20.60	1.28	45.90	3.01	62.39	5.37
	二扬泵站	37.74	2.34	84.06	5.51	117.69	9.87
	小团泊扬水站	592.39	46.33	1 180.14	101.04	1 439.37	170.96
	小孙庄泵站	81.49	6.79	181.53	16.01	236.51	28.16
	农业综合开发团泊村扬水站	53.96	3.34	120.2	7.88	164.26	14.06
	小泊闸	232.08	13.87	516.37	32.59	676.89	57.50
	大港油田团泊基地扬水站	626.70	30.41	1 258.23	60.61	1 552.87	98.35
	小泊泵站	683.55	22.80	1 285.17	26.68	1 489.77	30.90
	三八闸	1 073.70	130.57	1 399.20	136.15	1 232.44	149.73
	北台泵站	1 792.72	219.44	2 598.14	230.49	2 622.02	266.17
	马厂减河尾闸	609.55	48.80	1 135.27	92.17	1 350.90	144.06
	东台子泵站	289.83	32.95	576.95	70.14	710.37	117.43
合计		6 548.35	596.60	11 362.00	866.40	13 314.25	1 245.45
控制单元 4	万家码头泵站	1 194.19	94.71	2 271.92	113.96	1 894.64	98.44
	中塘泵站	500.94	100.90	1 687.52	224.22	2 159.43	309.94
	十米河泵站	250.47	50.45	843.76	112.11	1 079.72	154.97
合计		1 945.60	48.22	4 803.20	450.29	5 133.79	563.35

4.2.4.3　各控制单元水环境污染控制目标

容量总量控制的核心是按照水体的承载能力来实施容量总量控制，即依据水质保护目标，提出陆域水污染物的排放总量控制要求。独流减河流域各控制单元COD、NH_3-N 的现状污染负荷、允许分配负荷及污染削减率见表 4-27 和表 4-28。

表 4-27　独流减河流域各控制单元 COD 负荷削减目标

控制单元	枯水期			平水期			丰水期		
	现状负荷/（kg/d）	允许负荷/（kg/d）	削减率/%	现状负荷/（kg/d）	允许负荷/（kg/d）	削减率/%	现状负荷/（kg/d）	允许负荷/（kg/d）	削减率/%
控制单元 1	298	476	−59.73	596	1 176	−97.32	1 114	1 498	−34.47
	1 882	1 212	35.60	3 132	2 534	19.09	5 464	3 693	32.41
	2 561	656	74.39	4 134	1 371	66.84	7 079	1 998	71.78
小计	4 740	2 335	50.74	7 861	5 085	35.31	13 657	7 207	47.23
控制单元 2	7 006	6 548	6.54	10 914	11 362	−4.10	18 700	13 314	28.80
控制单元 4	1 675	1 946	−16.18	2 044	4 803	−134.98	3 195	5 134	−60.69
合计	13 421	10 829	19.31	20 819	21 251	−2.08	35 552	25 655	27.84

表 4-28　独流减河流域各控制单元 NH_3-N 负荷削减目标

控制单元	枯水期			平水期			丰水期		
	现状负荷/（kg/d）	允许负荷/（kg/d）	削减率/%	现状负荷/（kg/d）	允许负荷/（kg/d）	削减率/%	现状负荷/（kg/d）	允许负荷/（kg/d）	削减率/%
控制单元 1	43	29	33.72	86	19	77.91	158	9	94.59
	259	26	90.10	412	85	79.48	688	172	75.01
	382	13	96.52	564	46	91.91	922	192	79.19
小计	684	67	90.14	1 062	149	85.96	1 767	372	78.92
控制单元 2	1 020	597	41.51	1 257	866	31.07	1 896	1 245	34.31
控制单元 4	154	246	−59.77	211	450	−113.41	317	563	−77.71
合计	1 859	910	51.04	2 530	1 466	42.06	3 981	2 181	45.21

由表 4-27 和表 4-28 可知，平水期在现状调水及污染源条件下，独流减河尚有一定的水环境容量，水质断面要达到设定水质标准，COD、NH_3-N 污染负荷需要削减的比例分别为−2.08%、42.06%，但控制目标因控制单元而异。

（1）独流减河汇流段（控制单元 1）

独流减河汇流段汇流大清河、子牙河和南运河，枯水期、平水期和丰水期 COD 允许分配负荷分别为 2 335 kg/d、5 085 kg/d、7 207 kg/d；NH_3-N 允许分配负荷分别为 67 kg/d、149 kg/d、372 kg/d；综合考虑，确保汇流段进洪闸处水质达标前提下独流减河汇流段控制单元枯水期、平水期和丰水期 COD 污染负荷需要削减的比例分别为 50.74%、35.31%、47.23%；NH_3-N 污染负荷需要削减的比例分别为 90.14%、85.96%、78.92%。

（2）独流减河（进洪闸—万家码头）（控制单元 2）

独流减河（进洪闸—万家码头）枯水期、平水期和丰水期 COD 允许分配负荷分别为 6 548 kg/d、11 362 kg/d、13 314 kg/d；NH_3-N 允许分配负荷分别为 597 kg/d、866 kg/d、1 245 kg/d；综合考虑，确保独流减河万家码头闸处水质达标前提下控制单元枯水期、平水期和丰水期 COD 污染负荷需要削减的比例分别为 6.54%、−4.10%、28.8%；NH_3-N 污染负荷需要削减的比例分别为 41.51%、31.07%、34.31%。

（3）独流减河（万家码头—工农兵防潮闸）（控制单元 4）

独流减河（万家码头—工农兵防潮闸）枯水期、平水期和丰水期 COD 允许分配负荷分别为 1 946 kg/d、4 803 kg/d、5 134 kg/d；NH_3-N 允许分配负荷分别为 246 kg/d、450 kg/d、563 kg/d；独流减河（万家码头—工农兵防潮闸）尚有一定的水环境容量，COD、NH_3-N 允许分配负荷均大于现状入河污染负荷。

4.2.4.4 排污口污染物控制目标

独流减河流域各排污口枯水期、平水期和丰水期 COD、NH_3-N 的现状污染负荷、允许分配负荷及污染削减量见表 4-29 至表 4-34。

表 4-29　枯水期独流减河流域各排污口 COD 负荷削减目标　单位：kg/d

控制单元	排污口	点源			面源		
		现状负荷	分配负荷	削减量	现状负荷	分配负荷	削减量
控制单元 2	大杜庄泵站	16.24	15.18	1.06	248.73	232.49	16.24
	琉城西泵站	0.00	0.00	0.00	21.46	20.06	1.40
	琉城东泵站	0.37	0.34	0.02	0.04	0.04	0.00
	良王庄扬水站	12.72	11.88	0.83	1.31	1.23	0.09

控制单元	排污口	点源			面源		
		现状负荷	分配负荷	削减量	现状负荷	分配负荷	削减量
控制单元2	宽河泵站	0.00	0.00	0.00	41.84	39.10	2.73
	迎丰扬水站	0.00	0.00	0.00	37.32	34.88	2.44
	管铺头扬水站	0.00	0.00	0.00	48.54	45.37	3.17
	陈台子泵站	0.00	0.00	0.00	57.20	53.46	3.74
	南引河泵站	0.00	0.00	0.00	22.04	20.60	1.44
	二扬泵站	0.00	0.00	0.00	40.37	37.74	2.64
	小团泊扬水站	133.92	125.17	8.75	499.86	467.21	32.64
	小孙庄泵站	0.00	0.00	0.00	87.19	81.49	5.69
	团泊村扬水站	0.00	0.00	0.00	57.73	53.96	3.77
	小泊闸	0.57	0.54	0.04	247.73	231.55	16.18
	大港油田扬水站	132.32	123.68	8.64	538.17	503.02	35.14
	小泊泵站	228.09	213.20	14.90	503.22	470.35	32.86
	三八闸	953.37	891.11	62.26	195.34	182.59	12.76
	北台泵站	1 340.18	1 252.66	87.52	577.78	540.05	37.73
	马厂减河尾闸	213.74	199.78	13.96	438.40	409.77	28.63
	东台子泵站	65.95	61.64	4.31	244.13	228.19	15.94
	合计	3 097.47	2 895.19	202.28	3 908.40	3 653.16	255.24
控制单元4	万家码头泵站	629.08	1 194.19	−565.11	0.00	0.00	0.00
	中塘泵站	60.51	114.87	−54.36	203.38	386.07	−182.69
	十米河泵站	30.25	57.43	−27.18	101.69	193.04	−91.35
	合计	719.85	1 366.49	−646.64	305.07	579.11	−274.04

表4-30　平水期独流减河流域各排污口COD负荷削减目标　　单位：kg/d

控制单元	排污口	点源			面源		
		现状负荷	分配负荷	削减量	现状负荷	分配负荷	削减量
控制单元2	大杜庄泵站	16.24	16.91	−0.67	497.46	517.87	−20.41
	琉城西泵站	0.00	0.00	0.00	42.92	44.68	−1.76
	琉城东泵站	0.37	0.38	−0.02	0.08	0.08	−0.00
	良王庄扬水站	12.72	13.24	−0.52	2.63	2.74	−0.11
	宽河泵站	0.00	0.00	0.00	83.67	87.10	−3.43
	迎丰扬水站	0.00	0.00	0.00	74.64	77.70	−3.06
	管铺头扬水站	0.00	0.00	0.00	97.09	101.07	−3.98
	陈台子泵站	0.00	0.00	0.00	114.40	119.09	−4.69
	南引河泵站	0.00	0.00	0.00	44.09	45.90	−1.81

控制单元	排污口	点源			面源		
		现状负荷	分配负荷	削减量	现状负荷	分配负荷	削减量
控制单元2	二扬泵站	0.00	0.00	0.00	80.75	84.06	−3.31
	小团泊扬水站	133.92	139.41	−5.49	999.71	1 040.73	−41.01
	小孙庄泵站	0.00	0.00	0.00	174.37	181.53	−7.15
	团泊村扬水站	0.00	0.00	0.00	115.46	120.20	−4.74
	小泊闸	0.57	0.60	−0.02	495.45	515.78	−20.33
	大港油田扬水站	132.32	137.74	−5.43	1 076.33	1 120.49	−44.15
	小泊泵站	228.09	237.45	−9.36	1 006.43	1 047.72	−41.29
	三八闸	953.37	992.48	−39.11	390.69	406.72	−16.03
	北台泵站	1 340.18	1 395.16	−54.98	1 155.57	1 202.97	−47.41
	马厂减河尾闸	213.74	222.51	−8.77	876.79	912.76	−35.97
	东台子泵站	65.95	68.65	−2.71	488.26	508.29	−20.03
	合计	3 097.47	3 224.54	−127.07	7 816.79	8 137.46	−320.67
控制单元4	万家码头泵站	629.08	2 271.92	−1 642.84	0.00	0.00	0.00
	中塘泵站	60.51	218.53	−158.02	406.75	1 468.99	−1 062.23
	十米河泵站	30.25	109.26	−79.01	203.38	734.49	−531.12
	合计	719.85	2 599.72	−1 879.87	610.13	2 203.48	−1 593.35

表 4-31　丰水期独流减河流域各排污口 COD 负荷削减目标　单位：kg/d

控制单元	排污口	点源			面源		
		现状负荷	分配负荷	削减量	现状负荷	分配负荷	削减量
控制单元2	大杜庄泵站	16.24	11.56	4.68	1 151.20	819.66	331.54
	琉城西泵站	0.00	0.00	0.00	231.21	164.62	66.59
	琉城东泵站	0.37	0.26	0.11	1.69	1.20	0.49
	良王庄扬水站	12.72	9.05	3.66	58.64	41.75	16.89
	宽河泵站	0.00	0.00	0.00	269.92	192.18	77.73
	迎丰扬水站	0.00	0.00	0.00	154.55	110.04	44.51
	管铺头扬水站	0.00	0.00	0.00	190.39	135.56	54.83
	陈台子泵站	0.00	0.00	0.00	242.78	172.86	69.92
	南引河泵站	0.00	0.00	0.00	87.62	62.39	25.24
	二扬泵站	0.00	0.00	0.00	165.30	117.69	47.60
	小团泊扬水站	133.92	95.35	38.57	1 887.65	1 344.02	543.63
	小孙庄泵站	0.00	0.00	0.00	332.17	236.51	95.66
	团泊村扬水站	0.00	0.00	0.00	230.70	164.26	66.44
	小泊闸	0.57	0.41	0.17	950.11	676.48	273.62

控制单元	排污口	点源			面源		
		现状负荷	分配负荷	削减量	现状负荷	分配负荷	削减量
控制单元2	大港油田扬水站	132.32	94.21	38.11	2 048.66	1 458.66	590.00
	小泊泵站	228.09	162.40	65.69	1 864.26	1 327.37	536.89
	三八闸	953.37	678.81	274.56	777.56	553.63	223.93
	北台泵站	1 340.18	954.22	385.96	2 342.39	1 667.80	674.59
	马厂减河尾闸	213.74	152.19	61.56	1 683.57	1 198.72	484.85
	东台子泵站	65.95	46.96	18.99	931.75	663.41	268.34
	合计	3 097.47	2 205.42	892.05	15 602.11	11 108.83	4 493.28
控制单元4	万家码头泵站	629.08	1 498.65	−869.57	166.23	395.99	−229.77
	中塘泵站	60.51	144.15	−83.64	845.95	2 015.28	−1 169.33
	十米河泵站	30.25	72.08	−41.82	422.97	1 007.64	−584.67
	合计	719.85	1 714.87	−995.03	1 435.15	3 418.92	−1 983.77

表 4-32　枯水期独流减河流域各排污口 NH_3-N 负荷削减目标　　单位：kg/d

控制单元	排污口	点源			面源		
		现状负荷	分配负荷	削减量	现状负荷	分配负荷	削减量
控制单元2	大杜庄泵站	5.20	3.04	2.16	36.30	21.22	15.07
	琉城西泵站	0.00	0.00	0.00	2.64	1.54	1.10
	琉城东泵站	0.05	0.03	0.02	0.01	0.00	0.00
	良王庄扬水站	1.61	0.94	0.67	0.26	0.15	0.11
	宽河泵站	0.00	0.00	0.00	4.21	2.46	1.75
	迎丰扬水站	0.00	0.00	0.00	3.70	2.16	1.54
	管铺头扬水站	0.00	0.00	0.00	4.81	2.81	2.00
	陈台子泵站	0.00	0.00	0.00	5.67	3.31	2.35
	南引河泵站	0.00	0.00	0.00	2.18	1.28	0.91
	二扬泵站	0.00	0.00	0.00	4.00	2.34	1.66
	小团泊扬水站	11.84	6.92	4.92	67.39	39.40	27.99
	小孙庄泵站	0.00	0.00	0.00	11.62	6.79	4.83
	团泊村扬水站	0.00	0.00	0.00	5.72	3.34	2.38
	小泊闸	0.14	0.08	0.06	23.57	13.78	9.79
	大港油田扬水站	16.05	9.38	6.66	35.96	21.02	14.93
	小泊泵站	32.98	19.28	13.70	6.01	3.51	2.50
	三八闸	195.02	114.03	80.99	28.30	16.54	11.75
	北台泵站	315.17	184.28	130.89	60.13	35.16	24.97

控制单元	排污口	点源			面源		
		现状负荷	分配负荷	削减量	现状负荷	分配负荷	削减量
控制单元2	马厂减河尾闸	33.16	19.39	13.77	50.30	29.41	20.89
	东台子泵站	10.59	6.19	4.40	45.76	26.75	19.00
	合计	621.82	363.58	258.24	398.53	233.02	165.51
控制单元4	万家码头泵站	31.74	94.71	−62.96	0.00	0.00	0.00
	中塘泵站	5.18	15.46	−10.28	28.64	85.44	−56.80
	十米河泵站	2.59	7.73	−5.14	14.32	42.72	−28.40
	合计	39.52	23.10	16.41	42.96	25.12	17.84

表 4-33　平水期独流减河流域各排污口 NH_3-N 负荷削减目标　单位：kg/d

控制单元	排污口	点源			面源		
		现状负荷	分配负荷	削减量	现状负荷	分配负荷	削减量
控制单元2	大杜庄泵站	5.20	3.58	1.62	72.59	50.02	22.57
	琉城西泵站	0.00	0.00	0.00	5.28	3.64	1.64
	琉城东泵站	0.05	0.03	0.01	0.02	0.01	0.00
	良王庄扬水站	1.61	1.11	0.50	0.53	0.36	0.16
	宽河泵站	0.00	0.00	0.00	8.43	5.81	2.62
	迎丰扬水站	0.00	0.00	0.00	7.40	5.10	2.30
	管铺头扬水站	0.00	0.00	0.00	9.62	6.63	2.99
	陈台子泵站	0.00	0.00	0.00	11.33	7.81	3.52
	南引河泵站	0.00	0.00	0.00	4.37	3.01	1.36
	二扬泵站	0.00	0.00	0.00	8.00	5.51	2.49
	小团泊扬水站	11.84	8.16	3.68	134.78	92.88	41.91
	小孙庄泵站	0.00	0.00	0.00	23.24	16.01	7.23
	团泊村扬水站	0.00	0.00	0.00	11.44	7.88	3.56
	小泊闸	0.14	0.10	0.04	47.15	32.49	14.66
	大港油田扬水站	16.05	11.06	4.99	71.92	49.56	22.36
	小泊泵站	26.70	18.40	8.30	12.02	8.28	3.74
	三八闸	140.99	97.16	43.84	56.59	39.00	17.59
	北台泵站	214.23	147.62	66.61	120.26	82.87	37.39
	马厂减河尾闸	33.16	22.85	10.31	100.60	69.32	31.28
	东台子泵站	10.28	7.08	3.20	91.51	63.06	28.45
	合计	460.25	317.15	143.10	797.06	549.25	247.82

控制单元	排污口	点源			面源		
		现状负荷	分配负荷	削减量	现状负荷	分配负荷	削减量
控制单元4	万家码头泵站	31.74	113.96	−82.22	0.00	0.00	0.00
	中塘泵站	5.18	18.60	−13.42	57.28	205.62	−148.35
	十米河泵站	2.59	9.30	−6.71	28.64	102.81	−74.17
	合计	39.52	141.86	−102.35	85.91	308.43	−222.52

表 4-34　丰水期独流减河流域各排污口 NH_3-N 负荷削减目标　　单位：kg/d

控制单元	排污口	点源			面源		
		现状负荷	分配负荷	削减量	现状负荷	分配负荷	削减量
控制单元2	大杜庄泵站	5.20	3.41	1.78	138.74	91.14	47.60
	琉城西泵站	0.00	0.00	0.00	13.27	8.72	4.55
	琉城东泵站	0.05	0.03	0.02	0.07	0.04	0.02
	良王庄扬水站	1.61	1.06	0.55	2.26	1.49	0.78
	宽河泵站	0.00	0.00	0.00	18.20	11.96	6.25
	迎丰扬水站	0.00	0.00	0.00	13.94	9.16	4.78
	管铺头扬水站	0.00	0.00	0.00	17.85	11.72	6.12
	陈台子泵站	0.00	0.00	0.00	21.59	14.18	7.41
	南引河泵站	0.00	0.00	0.00	8.18	5.37	2.81
	二扬泵站	0.00	0.00	0.00	15.03	9.87	5.16
	小团泊扬水站	11.84	7.78	4.06	248.41	163.18	85.23
	小孙庄泵站	0.00	0.00	0.00	42.87	28.16	14.71
	团泊村扬水站	0.00	0.00	0.00	21.40	14.06	7.34
	小泊闸	0.14	0.09	0.05	87.39	57.41	29.98
	大港油田扬水站	16.05	10.54	5.51	133.67	87.80	45.86
	小泊泵站	24.61	16.16	8.44	22.44	14.74	7.70
	三八闸	122.98	80.78	42.20	104.95	68.94	36.01
	北台泵站	180.58	118.62	61.96	224.61	147.55	77.07
	马厂减河尾闸	33.16	21.78	11.38	186.14	122.27	63.87
	东台子泵站	10.18	6.68	3.49	168.59	110.74	57.84
	合计	406.39	266.95	139.44	1 489.60	978.50	511.10
控制单元4	万家码头泵站	31.74	87.36	−55.61	4.03	11.08	−7.06
	中塘泵站	5.18	14.26	−9.08	107.44	295.68	−188.24
	十米河泵站	2.59	7.13	−4.54	53.72	147.84	−94.12
	合计	39.52	108.74	−69.23	165.19	454.60	−289.41

4.2.5　基于排污口门管控的排污许可证管理

排污许可证管理是指生态环境主管部门为减轻或者消除排放污染物对公众健康、财产和环境质量的损害，对企业污染物排放的种类、数量、排污方式采用颁发许可证的方式进行管理的方法。

排污许可证包括基于技术和基于水质两种管理方式。基于技术的排污许可证管理是指以企业的最佳实用技术为基础制定排污许可限值，基于水质的排污许可证管理是指以水生态系统健康和水环境质量达标为目标制定排污许可限值。许可证制度是以技术为基础的排放标准限制和以水质为基础的排放总量限制。基于技术的排放限制主要针对工业污染源和市政污染源。基于水质的排放限制主要采用 TMDL 达到对污染源排放的限制。

对水污染控制结合技术角度和水质角度两个方面，两者互为补充，强调以污染控制技术为基础同时针对实际情况采用水质标准制度排污许可，也就是在基于技术的标准不能确保实现预排放水体的水质要求时，应使用更为严格的基于水质的排放标准。

本研究主要讨论基于水质的排污许可证的管理。基于水质的排污许可证制度管理主要包括基于水质的排污许可限值核定、排污许可证综合管理系统的建立、排污许可证的发放及监督管理。

4.2.5.1　排污许可限值核定

目前，我国的排污许可证制度实际上是地方生态环境主管部门按照国务院生态环境主管部门、省级生态环境部门编制的国家重要流域和省级行政区域内的总量控制计划，通过分配排污总量指标以及排污削减指标，实现我国重点污染物水体的总量控制任务。可见，我国的总量控制是以排污目标总量控制为基础的，与水环境容量不直接挂钩，而是根据各个企业的排污申报登记的排污量，污染物浓度、种类、数量，地方经济发展水平，环保技术控制水平以及地方总量控制指标等因素确定的。所以尽管实施了排污许可证制度，由于未与水环境容量直接挂钩，水体仍然达不到水质标准。

因此，依据达到水质标准所能受纳污染物的水环境容量，制定科学合理的排污许可限值，是排污许可证制度的重要基础，对排污许可证制度在水环境质量的改善方面起着积极作用。

排污许可限值核定的技术程序见图 4-13。

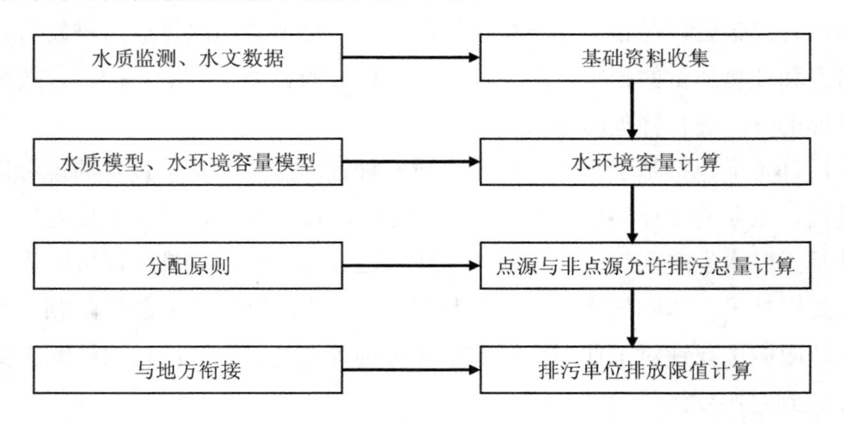

图 4-13　排污许可限值核定的技术程序

排污许可限值核定首先要在水环境容量计算的基础上，结合点源与面源污染负荷贡献率，实现污染负荷在点源、面源、安全余量间的分配。依据污染负荷分配原则，综合考虑现状污染负荷贡献率、污水处理能力等，将点源污染负荷分配到直排工业点源及污水处理厂，确定其最大允许排放量。

4.2.5.2　分配方案确定

排污单位废污水的排放去向分为两类：一类是直接排入地表自然水体，另一类是排入城市污水处理设施或其他工业污水集中处理设施。

对于废污水直接排入地表自然水体的单位，需要考虑排污单位的规模和位置，如果该排污单位距离关键水质控制断面的距离较近，且排污规模较大，对于关键控制断面有显著影响，则需要在上述分配方案的基础上，根据该单位对水质控制断面的污染贡献量大小对排污单位的允许排污量进行必要的修订，即根据水质控制断面达标的要求推算出该单位最大允许排污量，如果现有分配量大于最大允许排污量，则应按照最大允许排污量确定分配量，如果现有分配量小于最大允许排污量，则按照现有分配方案实施，最大限度地保证关键水质控制断面的达标。

对于废污水排入城市污水处理设施或其他工业污水集中处理设施的单位，需要结合污水集中处理设施对该单位污染物削减的信息进行修订，根据所排入污水处理设施的处理率计算对于该单位污染物的削减量，将集中处理的削减量和按照上述分配方案要达到的削减量进行比较，如果污水集中处理设施可以完成分配方案所确定的削减目标，则该单位不需要额外再削减污染物，否则，该单位还需要通过采取减少废污水排放量等措施完成总量分配的目标。这样可以最大限度地促进排污单位自身清洁生产的建设，从源头上减少污染物的产生，而不仅仅是排入污水集中处理设施就不用承担任何责任了。

4.2.6　基于排污许可证的入河排污口管理

4.2.6.1　排污口管控技术体系

为保护和改善水环境、保障水资源可持续利用，天津市已经按照最严格水资源管理的要求，对新建、改建、扩建入河排污口严格执行审批程序，此外，还对水功能区不达标的区域采取了限制审批措施。现有入河排污口登记制度是对排污口位置、排放类型、产权单位、预计污水、污染物排放量进行登记，但排污单位年度生产和排放情况是动态变化的，排污控制应该实行“水质、污染物排放量双达标”。

目前，我国的总量控制是以排污目标总量控制为基础的，与水环境容量不直接挂钩，而是根据各个企业的排污申报登记的排污量，污染物浓度、种类、数量，地方经济发展水平，环保技术控制水平以及地方总量控制指标等因素确定的。所以尽管实施了排污许可证制度，由于未与水环境容量直接挂钩，水体仍然达不到水质标准。

流域容量总量控制体现水域和陆域的互动关系耦合，以控制单元为途径，在建立水域-入河排污口-陆域污染源关联关系基础上，形成容量总量计算及分配的水域与陆域耦合。

本研究综合考虑水域-入河排污口-陆域污染源关联关系，基于 TMDL 理论，以流域水环境容量为基础，按照水域水体功能要求设定水质标准，并以在考虑季节性影响的条件下水体水质状况不劣于规定水质标准所能受纳污染物总量为依据，提出入河排污口及包括点源和非点源的流域负荷总量控制方案，以流域水质达标要求满足程度为首要判断依据，提出负荷优化分配方案。本研究在水环境容量计算的基础上，结合点源与面源污染负荷贡献率，实现污染负荷在点源、面源、安全余量间的分配，计算各排污口门的允许分配量及削减量，依据各口门的排污控制总量和污染负荷分配原则，综合考虑现状污染负荷贡献率、污水处理能力等，将点源污染负荷分配到直排工业点源及污水处理厂，确定其最大允许排放量，建立以排污许可证为核心的排污口门管控技术体系。

本研究以独流减河流域为研究对象，通过资料收集与数据整理，对流域污染源排放现状进行分析和计算，根据独流减河流域实际情况，基于 TMDL 计算枯水期、平水期及丰水期的水环境容量，根据水环境容量的结果，对各污染源污染负荷总量 TMDL 进行分配，确定流域各排污口门允许排放量及削减量，图 4-14 为基于排污许可证的排污口管控技术体系。

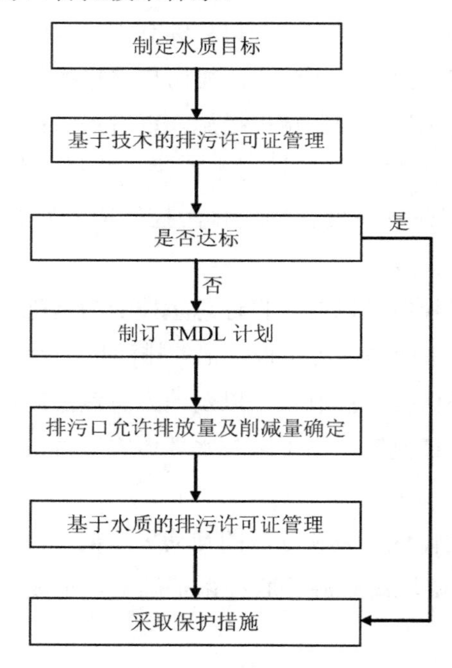

图 4-14　基于排污许可证的排污口管控技术体系

4.2.6.2　入河排污口管理建议

①加强河道巡查，规范入河排污口监督管理。按照属地管理原则，积极落实河道巡查、日常管护经费，制定河道日常巡查制度、河道日常管护聘用制度，以县级河道站管理人员巡查、分段聘用当地群众为护堤员日常管护的办法，有效监

管违法违规入河排污口，确保已设置的入河排污口达标排放。

②强化执法监管，严厉打击非法排污行为。对违法违规入河排污口强制性执法是法律赋予的责任，坚持有法必依、执法必严、违法必究，做到责任到位、措施到位，切实维护法律的权威和尊严。必须依法依规办事，没有审批手续就不能开口，擅自开了口就要处理，不处理就是失职。执法前必须找到入河排污口主体责任人，采取停止排放、限期整改通知、处罚通知、强制性封堵等措施，严厉打击非法排污行为。

③严格设置审批，进一步规范入河排污口审批程序。《入河排污口监督管理办法》规定：设置入河排污口的单位，应当在向生态环境主管部门报送建设项目环境影响报告书（表）之前，向有管辖权的县级以上地方人民政府水行政主管部门或者流域管理机构提出入河排污口设置申请。按照规定，入河排污口设置审批是环境影响报告书（表）审批的前置条件。

④加快实施城市、农村等污染治理。通过排污许可证制度对企业、污水处理厂等点源进行管控，进一步规范厂矿企业尾水排放，独流减河的污染源除入河排口等点源污染外，流域内农业面源污染也是主要的污染源，也一直是地方政府治理的难点。应通过减肥、减药、畜禽粪污等综合利用，多举措治理农业面源污染。

⑤加强我国入河排污口管理信息公开，鼓励公众参与。目前，我国的入河排污口大部分没有明显标识，也没有建立相关的公示制度，公众对排污口的了解相对不足，在一定程度上影响了受入河排污口影响较大的周边公众这一最大利益相关群体对排污口的有效、合理监督。应从法律、制度上保障公众对周边入河排污口状况的了解、监督权利，并鼓励公众积极参与环境管理。

4.3　应急监测和在线监测系统构建

天津市南部地区的独流减河是一条人工开挖的具有防洪分流功能的河道，连接了北大港湿地自然保护区和团泊鸟类自然保护区两个滨海湿地生态环境保护区，构成天津市南部地区贯穿东西的生态廊道，具有重要的生态功能。独流减河属于海河流域下游河段，其水量、水质受上游影响较大，而在独流减河流域内，进入其中的二级河道众多，整个独流减河流域内遍布工业企业较多，尾水通过二级河道进入独流减河，使得进入独流减河污染负荷较重，整体水环境质量较差，下游水质达标困难。除常规指标外，二级河道排入的风险物质也对整个流域的生态功能造成潜在的风险，因此建立独流减河流域水质动态监控与风险防控体系势在必行。本书以独流减河流域为研究区域，通过分析独流减河水体水质特征以及主要二级河道入河水质特征，研究建立在线监测与动态监测相结合的独流减河水质监控与风险防控体系，为独流减河水体达标提供技术支撑。

4.3.1　采样与分析

4.3.1.1　研究区概况

独流减河流域隶属于海河水系中的海河南系，是海河南系下游地区最大的河流。独流减河起自大清河与子牙河交汇处的进洪闸，流经静海区，西青区，津南区，滨海新区的大港、塘沽等行政区域，最后经“工农兵防潮闸”入海。独流减河属于人工开挖泄洪河道，除具有防洪、灌溉等功能外，还连接了北大港湿地自然保护区和团泊鸟类自然保护区两个滨海湿地生态环境保护区，与北大港、团泊洼共同构成了天津市南部地区贯穿东西的生态廊道。独流减河天津境内二级河道12条（图4-15），流域内共有1 360家工业排污企业，水源多并且污染杂，河道水质多处于Ⅴ类或劣Ⅴ类，环境风险大。流域内工业废水排放主要为中上游地区冶金行业废水和下游地区石化行业废水。天津市27家含重金属废水重点防控企业中有13家位于独流减河流域。

4.3.1.2　采样与监测指标

2017年1—12月开展逐月监测活动，其中独流减河干流10个监测点位分别测试水温、溶解氧、溶解性总固体、钙离子、镁离子、碳酸盐、重碳酸盐、氯化物、硫酸盐、高锰酸盐指数、总有机碳、总氮、硝酸盐氮、氨氮、总磷、磷酸盐、钾、钠、铁、锰、铝、镉、铜、铅、锌、铬等26项指标，25条二级河道分别测试溶解氧、高锰酸盐指数、总氮、总磷、氨氮、溶解性总固体、总有机碳、铜、铁、锌、铅、镉、铬等共13项指标。样品采集后送往具有CMA认证的专业实验室进行检测。

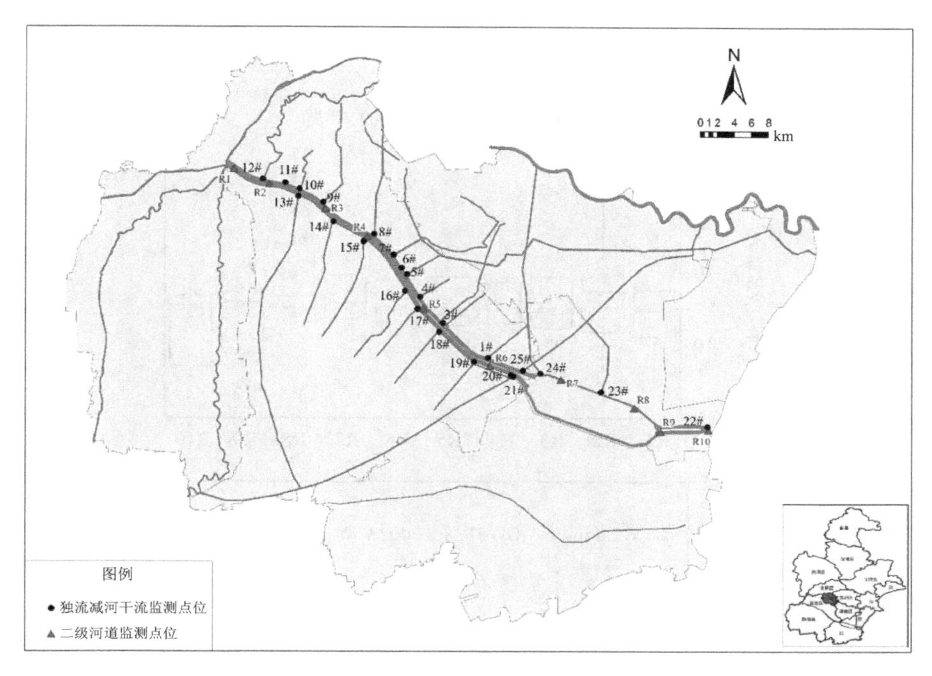

图 4-15　独流减河干流及二级河道监测点位示意

4.3.1.3　数据处理

数据分析过程中通过统计检验剔除异常值。对于每组测量数据求平均值之前进行正态分布检验，根据数据分布特征采用相应的检验方法或相关系数。分析结果用平均值±标准差表示。本研究采用分析的差异显著性水平为 0.05。数据计算和统计工作用 SPSS 13 完成，数据图用 Origin 8.1 完成。

4.3.2　独流减河流域主要污染监控区域确定

4.3.2.1　一级河道分析

图 4-16 为独流减河干流主要污染物分布特征。通过分析干流污染物分布特征，可以确定污染重、污染风险大的流域及相应的二级河道。通过对二级河道开展进一步监测分析，可以更准确地确定独流减河污染源，开展污染防控研究并建立风险防控体系。

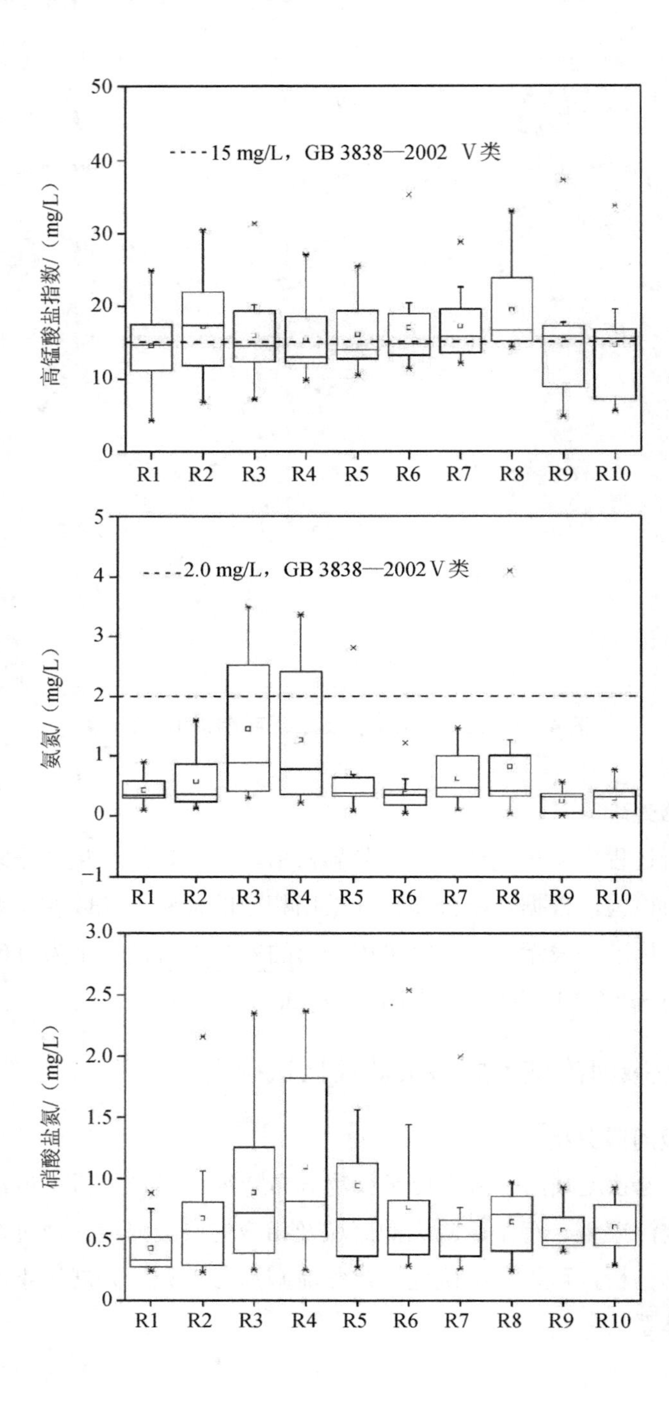

----15 mg/L，GB 3838—2002 Ⅴ类
高锰酸盐指数/（mg/L）
50
40
30
20
10
0
R1
R2
R3
R4
R5
R6
R7
R8
R9
R10
----2.0 mg/L，GB 3838—2002 Ⅴ类
氨氮/（mg/L）
5
4
3
2
1
0
−1
R1
R2
R3
R4
R5
R6
R7
R8
R9
R10
硝酸盐氮/（mg/L）
3.0
2.5
2.0
1.5
1.0
0.5
0
R1
R2
R3
R4
R5
R6
R7
R8
R9
R10

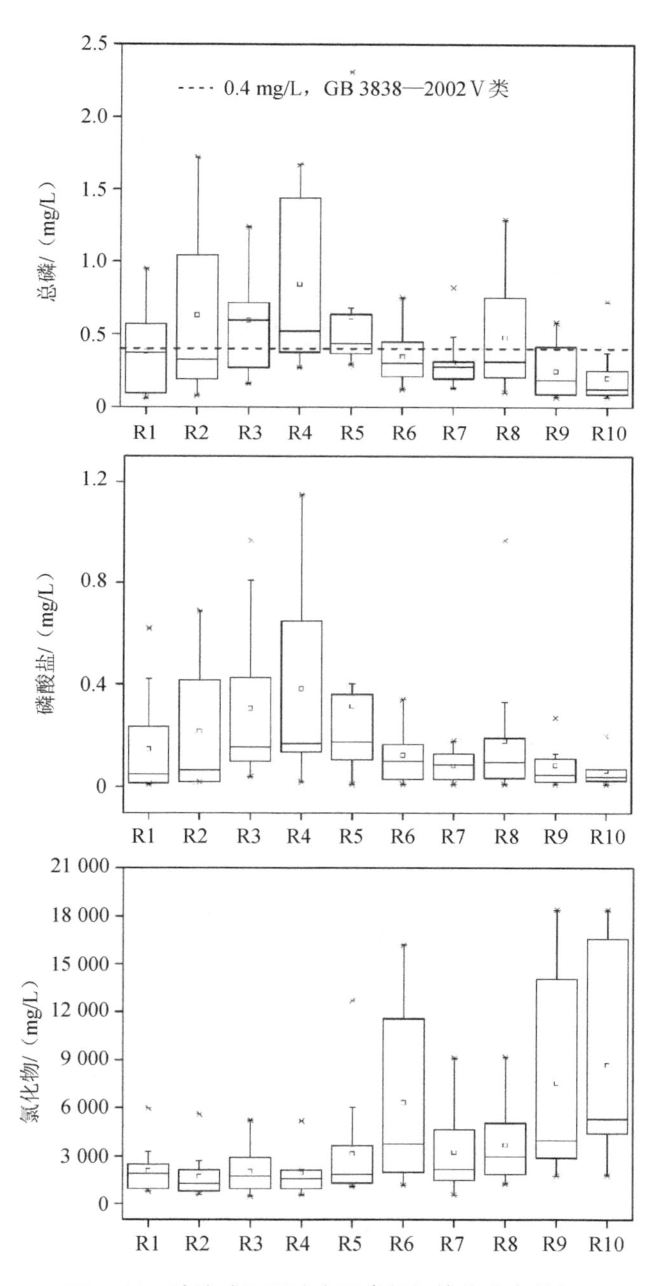

图 4-16　独流减河干流主要常规污染物分布特征

（1）常规污染物

由图 4-16 可知，以独流减河上、中游（R2、R3、R4、R5）为主，下游（R9、R10）次之，常规污染物的浓度变化幅度较大，如 COD_{Mn} 的变化范围为 14.52～21.55 mg/L，平均值为 16.87 mg/L；氨氮变化范围为 0.24～1.93 mg/L，平均值为 0.74 mg/L；硝酸盐氮的变化范围为 0.42～1.09 mg/L，平均值为 0.72 mg/L；总磷的变化范围为 0.2～0.84 mg/L，平均值为 0.46 mg/L；磷酸盐的变化范围为 0.06～0.38 mg/L，平均值为 0.19 mg/L；氯化物的变化范围为 1 715～8 663 mg/L，平均值为 4 033 mg/L。总体上，氮磷营养盐在上游地区污染严重，而在下游地区相对较好，这说明在上、中游地区，外源污染物输入较多，污染较重。因此应该加强上、中游流域的污染物监控。

（2）风险污染物

图 4-17 为独流减河干流风险污染物的分布特征。由图可知，独流减河中下游（R6、R7、R8、R9、R10）风险污染物的浓度变化幅度较大，如铜的变化范围为 0.004～0.027 mg/L，平均值为 0.012 mg/L；锌的变化范围为 0.01～0.15 mg/L，平均值为 0.11 mg/L；镉的变化范围为 0.027～0.099 mg/L，平均值为 0.051 mg/L；铅的变化范围为 0.048～0.236 mg/L，平均值为 0.101 mg/L。总体上，在中下游地区，风险污染物的含量较高。因此应该加强下游地区污染流域的污染物监控。

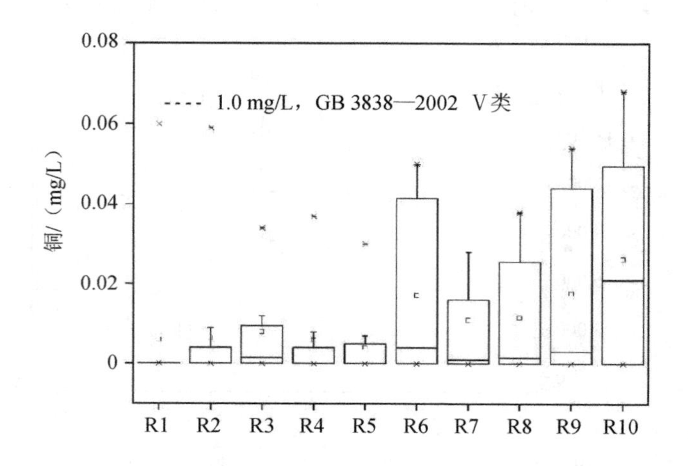

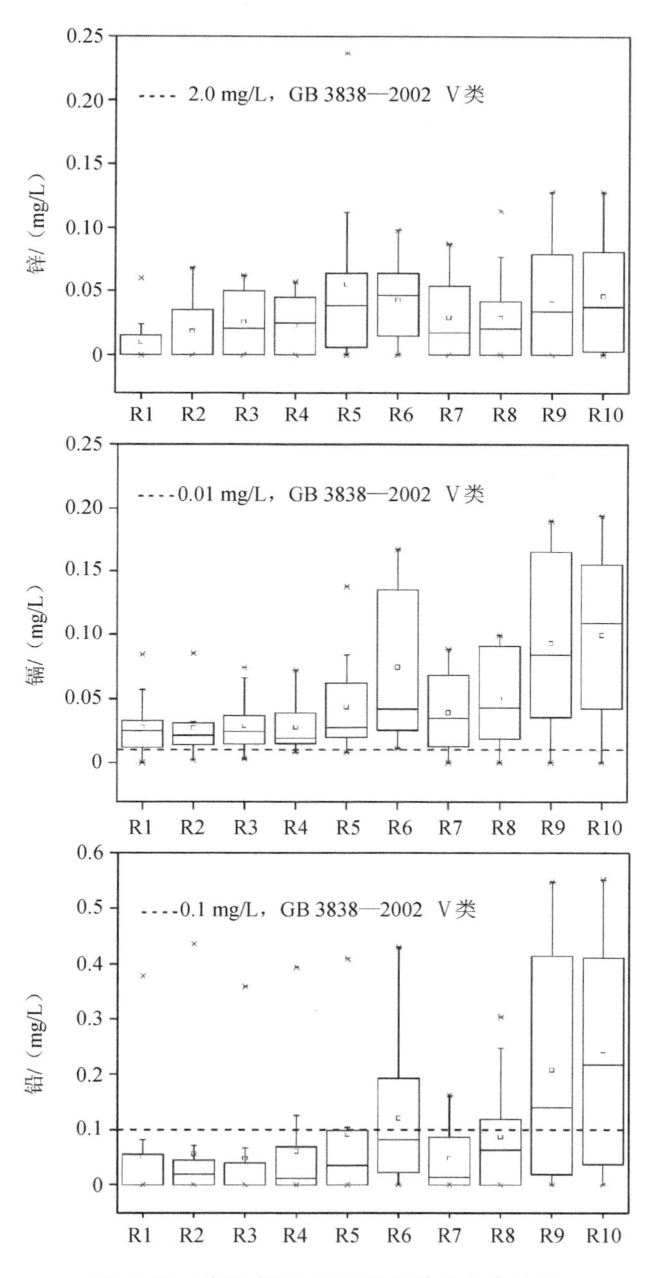

图 4-17　独流减河干流风险污染物分布特征

4.3.2.2　二级河道分析

为了更好地反映二级河道对独流减河干流的污染负荷贡献，对二级河道中主要污染物进行监测分析，结果见图 4-18。

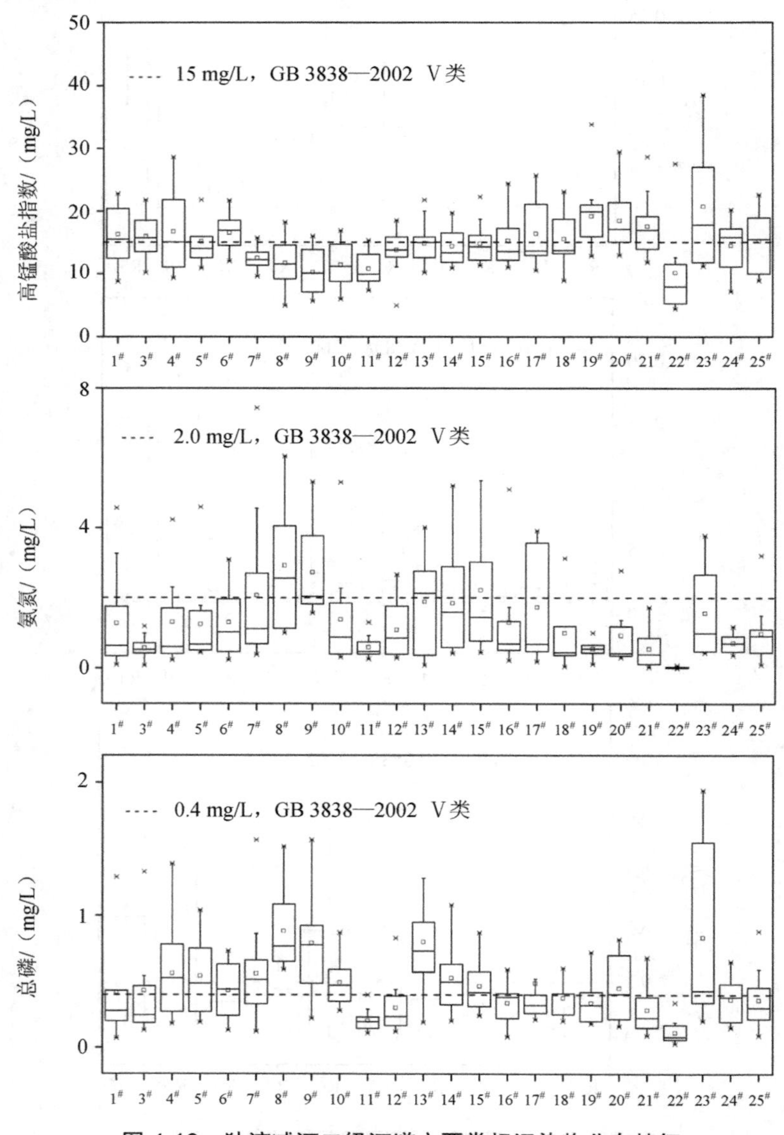

图 4-18　独流减河二级河道主要常规污染物分布特征

（1）常规污染物

由图 4-18 可知，针对常规污染物，采样点位 1#、4#、6#、8#、13#、9#、10#、12#、14#、15#、5#、18#、3#、23#，共 14 个点位处的浓度变化幅度较大，对应的二级河道主要包括三八河、新赤龙河、二扬排干渠、陈台子排水河、运东排干渠、西大洼排水河、西梳城排干渠、南运河、迎风渠、六排干渠、八排干渠、赤龙河、十米河，共 13 条二级河道。

这些二级河道，除十米河外，全部聚集在独流减河中上游流域，与一级河道中上游流域的常规污染物指标的高风险情况相对应。如高锰酸盐指数的浓度变化范围为 10.16～20.72 mg/L，平均值为 15 mg/L；氨氮的浓度变化范围为 0.03～4.68 mg/L，平均值为 1.50 mg/L；总磷的浓度变化范围为 0.11～1.49 mg/L，平均值为 0.55 mg/L。由图 4-18 可以看出，独流减河流域中上游流域的常规污染物浓度相对较高，污染情况较重。

为准确反映独流减河污染物排放状况及变化趋势，强化排污管理，提高环境监测监管水平，可以对上述二级河道 14 个点位处建立在线监测系统，监测数据与市环保局自动监测数据平台联网，实现市区两级数据共享，进一步加强独流减河水质监测工作。

（2）风险污染物

由图 4-19 可知，针对风险污染物，采样点位 19#、20#、21#、22#、24#、25#，共 6 个点位处的浓度变化幅度较大，对应的二级河道主要包括二排干渠、马厂减河、工农兵防潮闸、洪泥河，共 4 条二级河道。

这 4 条二级河道，全部聚集在独流减河下游流域，与一级河道下游流域的风险污染物指标的高风险情况相对应。如铜的浓度变化范围为 0.001 4～1.055 8 mg/L，平均值 0.050 2 mg/L；锌的浓度变化范围为 0.022 8～0.466 5 mg/L，平均值为 0.097 5 mg/L；镉的浓度变化范围为 0.011 4～0.126 1 mg/L，平均值为 0.029 6 mg/L；铅的浓度变化范围为 0.033 5～0.354 9 mg/L，平均值为 0.097 0 mg/L。由图 4-19 可看出，独流减河流域下游流域的风险污染物浓度相对较高，污染情况较重。经调研发现，上述二级河道 6 个点位处的地理及电力条件不适宜安装在线监测系统，因此可以重点开展人工监测。

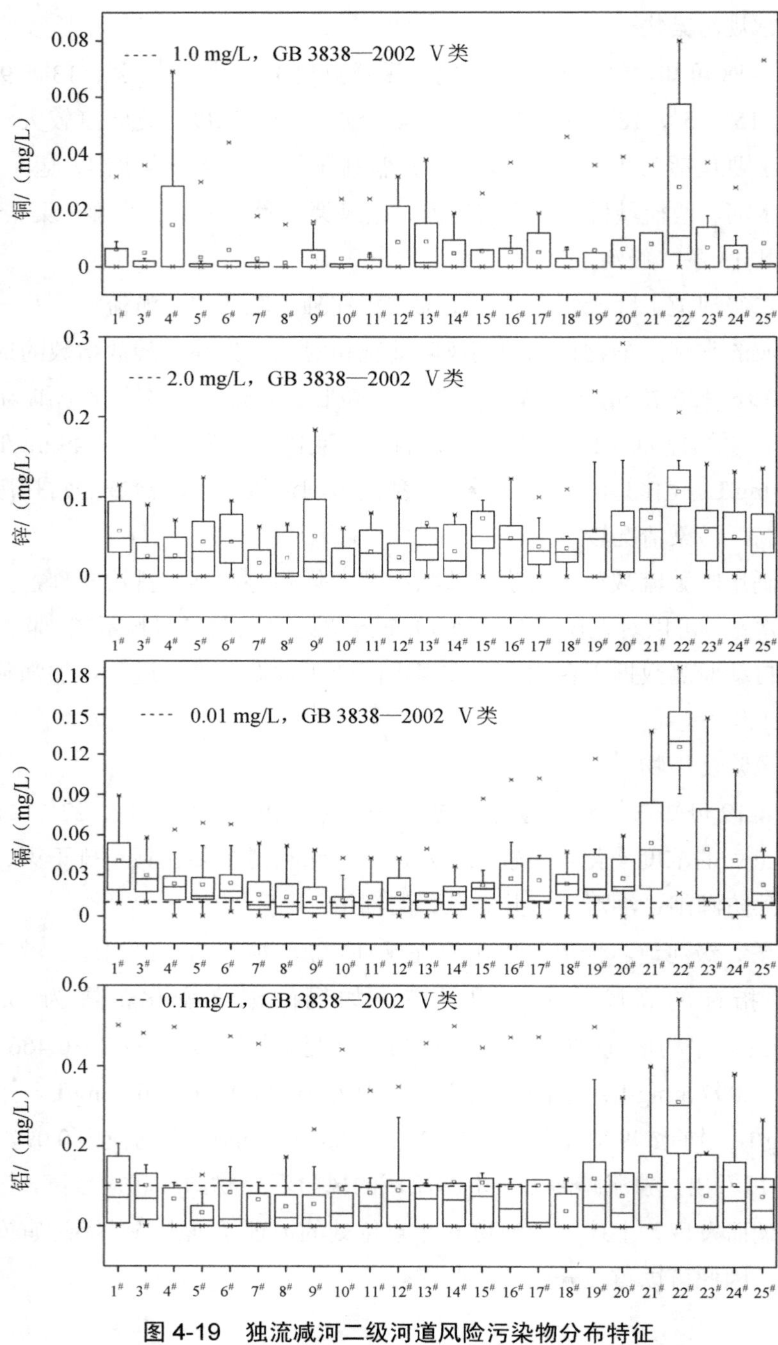

图 4-19　独流减河二级河道风险污染物分布特征

4.3.3　动态监控体系研究

4.3.3.1　独流减河二级河道逐月水质分析

根据已有数据，对独流减河二级河道 1—12 月的水质进行分析，详见图 4-20。

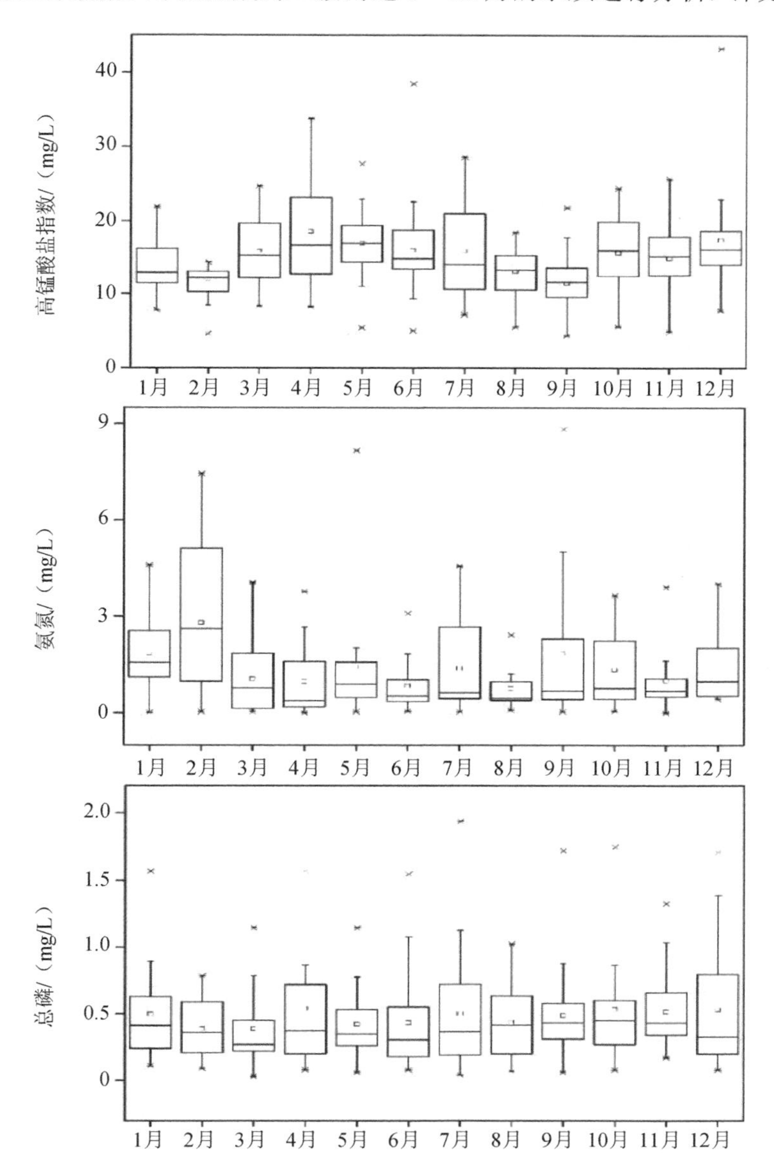

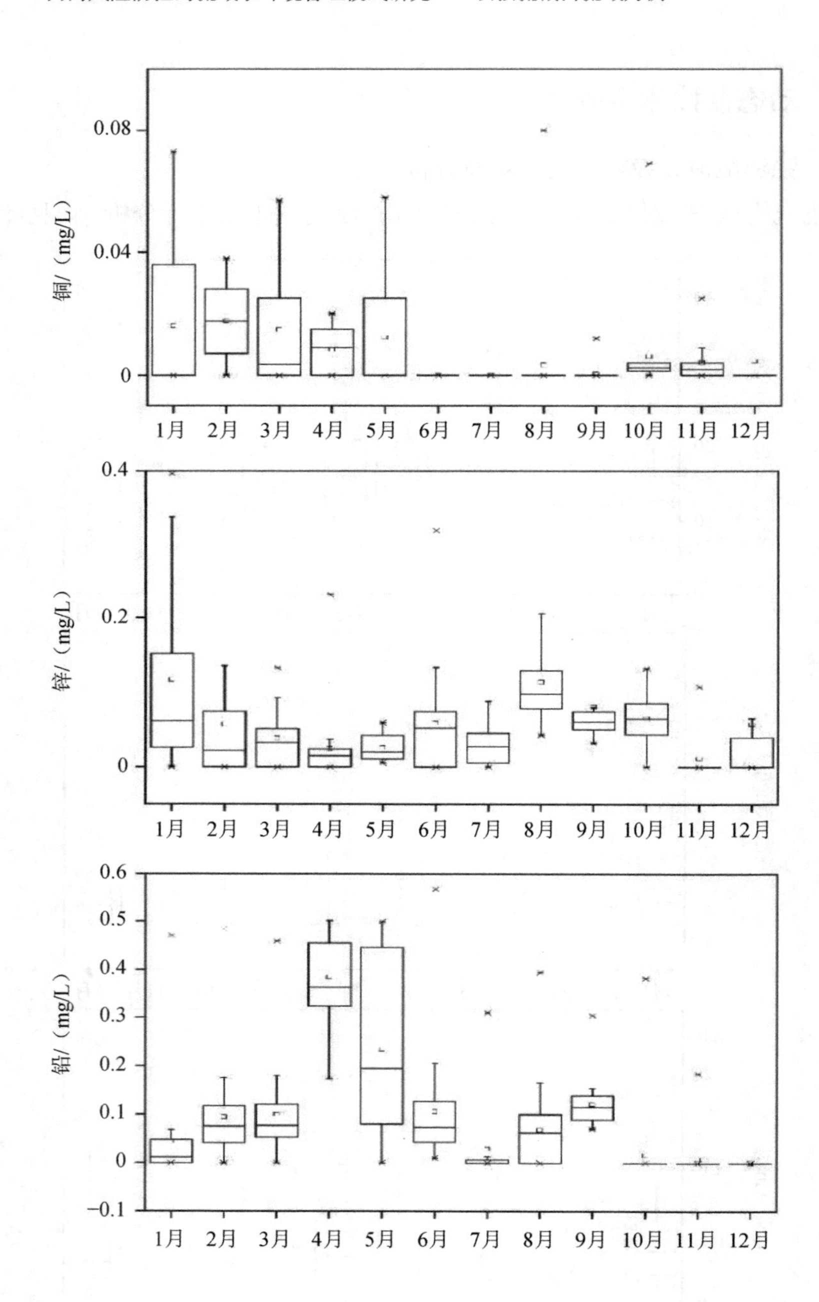
0.08
0.04
0
铜/（mg/L）
1月
2月
3月
4月
5月
6月
7月
8月
9月
10月
11月
12月
0.4
0.2
0
锌/（mg/L）
1月
2月
3月
4月
5月
6月
7月
8月
9月
10月
11月
12月
0.6
0.5
0.4
0.3
0.2
0.1
0
−0.1
铅/（mg/L）
1月
2月
3月
4月
5月
6月
7月
8月
9月
10月
11月
12月

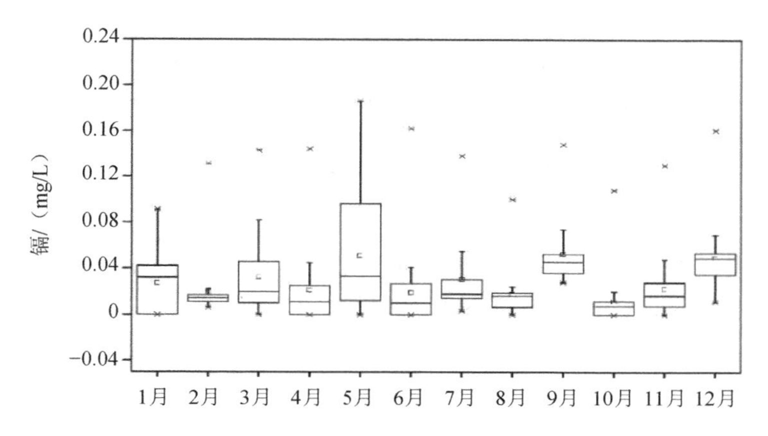

图 4-20　独流减河二级河道各项指标的逐月变化特征

由图 4-20 可知，高锰酸盐指数等水质指标主要在夏季和秋季变化幅度较大，如高锰酸盐指数在夏季的变化范围为 11.39～15.86 mg/L，总磷在秋季的变化范围为 0.435 4～0.854 6 mg/L，氨氮在夏季的变化范围为 0.746 3～2.325 4 mg/L。铜、铁等金属离子在冬季和春季变化幅度较大，如铜在春季的变化范围为 0.008 4～0.014 8 mg/L，锌在冬季的变化范围为 0.056 8～0.216 2 mg/L，铅在春季的变化范围为 0.01～0.094 2 mg/L，镉在春季的变化范围为 0.021 0～0.051 3 mg/L。因此，在没有安装在线监测装置的地方，需要对这些指标开展动态监测，尤其夏季、春季水质相对较差的时期。

4.3.3.2　独流减河水质动态监控方案

考虑到一类及二类监测点位，基于汛期（7—8 月）及非汛期对水质的影响（主要是悬浮物、硬度、浊度）、4—9 月藻华暴发的影响（主要是叶绿素 a、藻密度、生物毒性）以及行业突发性污染事故等，制订独流减河流域水质动态监控方案，如表 4-35 所示。

表 4-35　独流减河流域水质动态监控方案

<table>
<tr><th colspan="5">一类点位</th><th colspan="4">二类点位</th></tr>
<tr><th colspan="2">时间</th><th>方式</th><th>指标</th><th>频次</th><th>时间</th><th>方式</th><th>指标</th><th>频次</th></tr>
<tr><td rowspan="2">汛期</td><td rowspan="2">7—8 月</td><td>在线监测</td><td>水温、pH、溶解氧、电导率、浊度、高锰酸盐指数、总有机碳、总氮、总磷、氨氮</td><td>每 2～4 h 1 次</td><td rowspan="2">7—8 月</td><td rowspan="2">人工监测</td><td rowspan="2">水温、pH、溶解氧、电导率、浊度、高锰酸盐指数、总有机碳、总氮、总磷、氨氮、悬浮物、浊度、硬度、叶绿素 a、藻密度、生物毒性、铅、镉、铬、砷、汞、苯、氰化物、粪大肠菌群</td><td rowspan="2">每天 1 次</td></tr>
<tr><td>人工监测</td><td>悬浮物、硬度、浊度、叶绿素 a、藻密度、生物毒性、铅、镉、铬、砷、汞、苯、氰化物、粪大肠菌群</td><td>每天 1 次</td></tr>
<tr><td rowspan="4">非汛期</td><td rowspan="2">4 月、5 月、6 月、9 月</td><td>在线监测</td><td>水温、pH、溶解氧、电导率、浊度、高锰酸盐指数、总有机碳、总氮、总磷、氨氮</td><td>每 2～4 h 1 次</td><td rowspan="2">4 月、5 月、6 月、9 月</td><td rowspan="2">人工监测</td><td rowspan="2">水温、pH、溶解氧、电导率、浊度、高锰酸盐指数、总有机碳、总氮、总磷、氨氮、叶绿素 a、藻密度、生物毒性、铅、镉、铬、砷、汞、苯、氰化物、粪大肠菌群</td><td rowspan="2">每周 1 次</td></tr>
<tr><td>人工监测</td><td>叶绿素 a、藻密度、生物毒性、铅、镉、铬、砷、汞、苯、氰化物、粪大肠菌群</td><td>每周 1 次</td></tr>
<tr><td rowspan="2">其他时间</td><td>在线监测</td><td>水温、pH、溶解氧、电导率、浊度、高锰酸盐指数、总有机碳、总氮、总磷、氨氮</td><td>每 2～4 h 1 次</td><td rowspan="2">其他时间</td><td rowspan="2">人工监测</td><td rowspan="2">水温、pH、溶解氧、电导率、浊度、高锰酸盐指数、总有机碳、总氮、总磷、氨氮、叶绿素 a、藻密度、生物毒性、铅、镉、铬、砷、汞、苯、氰化物、粪大肠菌群</td><td rowspan="2">每月 1 次</td></tr>
<tr><td>人工监测</td><td>叶绿素 a、藻密度、生物毒性、铅、镉、铬、砷、汞、苯、氰化物、粪大肠菌群</td><td>每月 1 次</td></tr>
</table>

4.3.4　独流减河流域水质监控与风险防控体系建立

流域水污染防控体系的建立是流域水环境质量改善的重要措施，不同的研究者提出了不同类型的建立体系。这些体系的建立有的侧重于自然流域的水污染综合防控；有的侧重于污染源防控体系的建立，如邱建国和张利平等提出的环境应急三级防控系统，包括一级车间防控系统、二级厂区防控系统和三级流域防控系统；有的则侧重于工业园区的末端防控，如白琳和王秀等根据辽河水环境情况提出的工业污染源防控的“企业—园区—污水厂”三级处理模式。

独流减河流域原本属于自然的水生态环境，但是随着社会经济发展，流域内工业遍布，受到人为活动影响较大，形成了一个自然和人类活动高度融合的区域，因此需要建立一套新的流域水质监控与风险防控体系，即在加强对流域内风险源监控的基础上形成流域整体的监控体系。图 4-21 为建立的独流减河流域水污染三级叠套防控体系。其中，一级风险防控体系主要针对流域内风险源进行整体防控，一级防控体系又细分为小的三级子防控。子一级防控体系主要针对单个企业，技术上设置企业自处理设备以及事故水池等，管理上实行企业总排口自动监测以及排污许可证制度等；子二级防控体系针对园区层面或者子流域层面，在此层面对所有外排污水进行有效的在线监控，要求所有外排污水全部达标排放或者进入污水处理厂处理，尤其是要加强对进入污水处理厂的废水进行有效监控，防止有毒废水对污水处理厂的处理工艺造成冲击，通过采用三维荧光光谱技术等实施污染源的精准溯源和有效监控来水水质变化特征；子三级防控体系主要针对达标排放水体进入二级河道后的监控，此时的监控主要是针对经过人工强化处理的水体进入自然系统中的监控，防止一些突发性的环境污染事件。二级防控体系主要是针对独流减河流域的二级河道，即在二级河道入河口设置在线监控系统以及建立闸控措施，对二级河道进入独流减河干流的水体进行监控。三级防控体系主要针对独流减河干流整体水质情况以及重要生态节点的监控。三级叠套防控体系的建立，最终目的是实现独流减河流域内的水体质量提升和生态环境恢复。

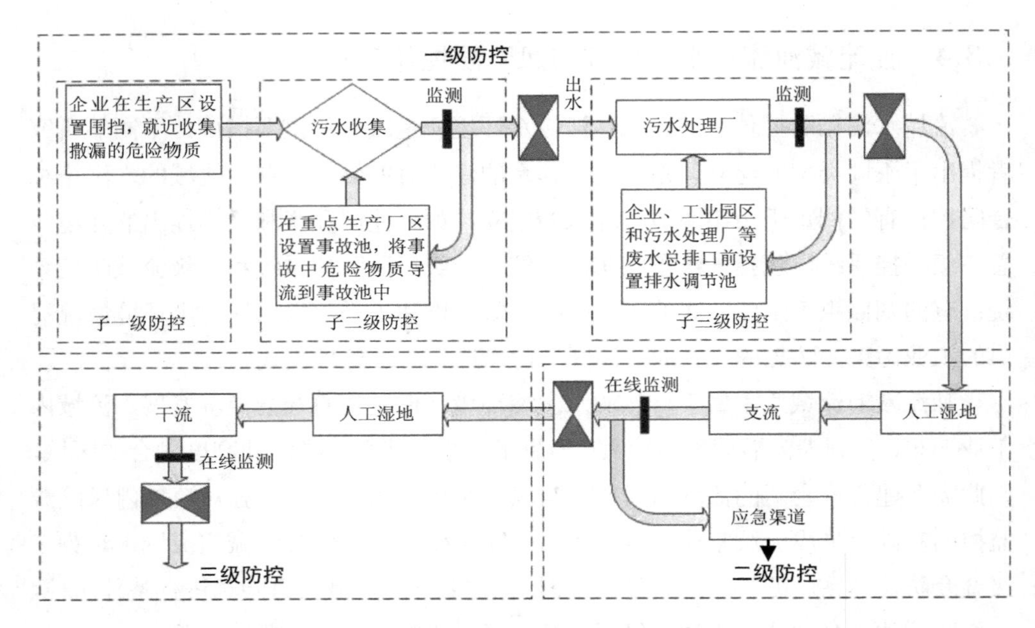

图 4-21　独流减河流域水污染三级叠套防控体系

由图 4-21 可知，独流减河支流一级防控是重点污染源（企业、工业园区和污水处理厂等污染源）内部防控体系；支流二级防控是在支流上建立人工湿地处理系统，进一步降低河流中污染物的浓度；支流三级防控是在支流上设置自动监测系统和支流人工闸坝，开展动态监控，并在有条件的地方同步建设应急导排沟渠，以储存应急条件下的超标河水。流域水污染问题的治理，应当“以预防为主、防治结合、综合治理”，通过构建完整的流域水污染防控体系，将污染事故扼杀在源头或将污染截留在某个小的区域内，从而降低流域水环境风险，消除流域水环境问题。与此同时，在重点污染源内部防控体系（即工业企业、工业园区和污水处理厂等污染源）内建立三级叠套防控体系。这一方法已在山东省聊城市徒骇河流域实施，对重大水污染事故起到了很好的预防作用。